I0047123

Capteur de niveau d'eau à effet capacitif

Ibtihel Gasmi

Capteur de niveau d'eau à effet capacitif

Éditions universitaires européennes

Impressum / Mentions légales
Bibliografische Information der Deutschen Nationalbibliothek: Die Deutsche
Nationalbibliothek verzeichnet diese Publikation in der Deutschen
Nationalbibliografie; detaillierte bibliografische Daten sind im Internet über
http://dnb.d-nb.de abrufbar.
Alle in diesem Buch genannten Marken und Produktnamen unterliegen
warenzeichen-, marken- oder patentrechtlichem Schutz bzw. sind
Warenzeichen oder eingetragene Warenzeichen der jeweiligen Inhaber. Die
Wiedergabe von Marken, Produktnamen, Gebrauchsnamen, Handelsnamen,
Warenbezeichnungen u.s.w. in diesem Werk berechtigt auch ohne besondere
Kennzeichnung nicht zu der Annahme, dass solche Namen im Sinne der
Warenzeichen- und Markenschutzgesetzgebung als frei zu betrachten wären
und daher von jedermann benutzt werden dürften.

Information bibliographique publiée par la Deutsche Nationalbibliothek: La
Deutsche Nationalbibliothek inscrit cette publication à la Deutsche
Nationalbibliografie; des données bibliographiques détaillées sont
disponibles sur internet à l'adresse http://dnb.d-nb.de.
Toutes marques et noms de produits mentionnés dans ce livre demeurent
sous la protection des marques, des marques déposées et des brevets, et sont
des marques ou des marques déposées de leurs détenteurs respectifs.
L'utilisation des marques, noms de produits, noms communs, noms
commerciaux, descriptions de produits, etc, même sans qu'ils soient
mentionnés de façon particulière dans ce livre ne signifie en aucune façon
que ces noms peuvent être utilisés sans restriction à l'égard de la législation
pour la protection des marques et des marques déposées et pourraient donc
être utilisés par quiconque.

Coverbild / Photo de couverture: www.ingimage.com

Verlag / Editeur:
Éditions universitaires européennes
ist ein Imprint der / est une marque déposée de
OmniScriptum GmbH & Co. KG
Heinrich-Böcking-Str. 6-8, 66121 Saarbrücken, Deutschland / Allemagne
Email: info@editions-ue.com

Herstellung: siehe letzte Seite /
Impression: voir la dernière page
ISBN: 978-3-8417-4574-3

Copyright / Droit d'auteur © 2015 OmniScriptum GmbH & Co. KG
Alle Rechte vorbehalten. / Tous droits réservés. Saarbrücken 2015

Table des matières

Liste des figures

Liste des tableaux

Introduction générale

Le présent rapport s'inscrit dans le cadre d'élaboration du projet de fin d'études au sein de la société OMNITECH, en vue de l'obtention du diplôme d'ingénieurs en Génie Electrique à l'école Nationale d'Ingénieurs de Sfax.

La fin du vingtième siècle a pris conscience de l'importance des capteurs dans notre environnement de tous les jours, de leur rôle essentiel en métrologie et dans toute chaîne d'information et de la nécessité subséquente d'y consacrer des enseignements spécifiques.

Le capteur, premier élément d'une chaîne de mesure a pour fonction essentielle de traduire une grandeur physique en une autre grandeur physique, généralement électrique, utilisable par l'homme directement ou par le biais d'un instrument approprié.
Tous les domaines d'activité nécessitent l'emploi des capteurs. On peut citer ainsi l'existence des capteurs de longueur, masse, temps, forces, couples, pressions, accélération, température, débits, humidité, de toutes les grandeurs électriques ou optiques, etc. Pour chacune de ces grandeurs, les principes utilisables sont multiples. En outre les conditions d'implantation de ces derniers pouvant varier considérablement d'une application à une autre.

Dans ce contexte, on s'est intéressé à la réalisation d'un prototype de capteur à effet capacitif pour mesurer d'une façon continue le niveau d'eau contenue dans un réservoir en béton. Ce projet a été proposé par la société OMNITECH. En effet, la méthode ancienne de mesure utilise un détecteur du niveau à flotteur pour une simple détection de deux seuils haut ou bas. Ce contrôle pose un problème pour les clients de la société OMNITECH puisqu'ils cherchent une surveillance continue de leurs réservoirs. De ce fait, ce mémoire est décomposé en quatre chapitres décrits comme suit :

Le premier chapitre procède à une description de la société OMNITECH sur le plan forme juridique, raison sociale et domaine d'activité. Ensuite, on passe à la description du projet, l'intérêt et l'objectif pour aboutir aux buts escomptés. Une initialisation théorique sur les condensateurs et les capteurs est présentée dans ce chapitre pour avoir une vue générale sur ce projet.

Dans le deuxième chapitre, on spécifie la forme de la sonde utilisée pour savoir la marge de capacité à mesurer. On décrit par la suite le processus traduisant le principe de fonctionnement du capteur capacitif du niveau tout en définissant les composants électroniques utilisés.

Quant au troisième chapitre, il détaille la procédure de conversion de la capacité en tension. Cette opération s'appuie sur l'utilisation du circuit CAV424 responsable à la conversion de la capacité en tension. Après, le convertisseur AM402 assure la transmission du courant variant de 4 à 20mA au module de l'affichage. Ce dernier sert à l'affichage du niveau d'eau dans un endroit plus loin que le réservoir de quelques centaines de mètres en se référant à la norme 4-20mA. Enfin, on ajoute une communication série entre l'ordinateur et le circuit d'affichage pour faire un contrôle instantané du réservoir.

Finalement, on met l'accent sur la réalisation pratique du capteur et sa fiabilité de détection du niveau d'eau. Ensuite, on teste le fonctionnement de l'afficheur LCD ainsi que le fonctionnement du système. Enfin, une conception d'interface homme-machine est réalisée afin de contrôler le niveau dans le réservoir sur ordinateur et d'une façon instantanée.

Avant-propos

Le présent rapport est le fruit d'efforts fournis durant le stage du projet de fin d'études. J'ai côtoyé assez fréquemment l'univers des nouvelles technologies. Cette étude a été concrétisée grâce à nombreuses rencontres professionnelles. Elle traite des principales problématiques confrontées durant cette période résultant des exigences avancées dans le cahier des charges présenté par la société OMNITECH.

Le domaine de ce travail fait l'objet d'une formation dense et accrue en électrique. J'ai essayé de profiter le maximum possible de cette occasion alors que le facteur temps reste un obstacle pour ce projet. Néanmoins, j'ai essayé de présenter d'une manière rigoureuse les différentes parties du prototype réalisé.

Chapitre1 :

Présentation du projet et de son

environnement

1. Introduction

Je présente au début de ce chapitre l'environnement dans lequel ce projet a été mené. Je procède à une description sommaire de la société OMNITECH sur le plan forme juridique, raison sociale et domaine d'activité. La partie la plus importante est la description du projet, l'intérêt et l'objectif pour aboutir aux buts escomptés. Une initialisation théorique sur les condensateurs et les capteurs est mise en valeur dans ce chapitre pour avoir une vue générale sur ce projet.

2. Présentation de la société

2.1. Présentation générale

OMNITECH (Omnium des Technologies Industrielles) est une entreprise industrielle qui conçoit, fabrique et installe des équipements électroniques, pour la commande industrielle et la sécurité. Elle est installée dans la zone industrielle de Sidi Rezig à Ben Arous.

Tableau 1. *Présentation de l'entreprise*

Logo	
Raison sociale	Omnium des Technologies Industrielles (**OMNITECH**)
Adresse	28, Rue des usines – Z.I. Sidi Rezig, Megrine – 2033
Gérant	M. HALLEB Abdelaziz
Date de création	1992
Forme juridique	Société à responsabilité limitée (SARL)
Tel/Fax	(216) 71 434 085/71 428 207

Le champ d'application des produits d'OMNITECH couvre la commande automatique de machines de production, la fabrication des cartes électroniques, la gestion technique, la sécurité des bâtiments et l'informatique Industriel. La gestion technique est assurée en local (salle de contrôle) ou à distance par voie radio ou par voie GSM/GPRS (Global System for Mobile Communications/General Packet Radio Service). De ce fait, l'entreprise assure les fonctions suivantes :

- ➢ Développement et étude des installations électriques, hydrauliques...
- ➢ Développement informatique et programmation des automates.
- ➢ Gestion et suivie des installations.
- ➢ Fabrication des cartes électroniques.
- ➢ Maintenance des installations et des équipements.

2.2. Organigramme

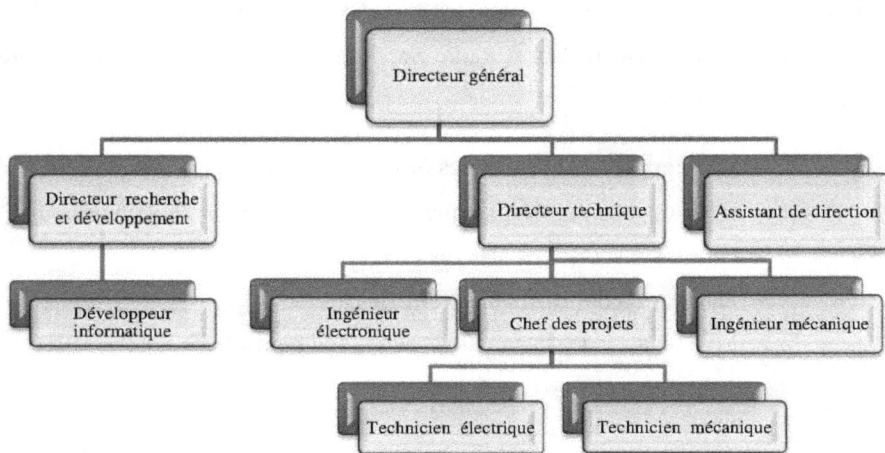

Figure 1. *Organigramme de l'entreprise*

3. Présentation du projet

3.1. Problématique

La société OMNITECH cherche à perfectionner l'opération de détection du niveau d'eau dans les réservoirs en béton dans le but d'assurer un contrôle continu de celles-ci. L'ancienne méthode ne répond pas à ces exigences puisqu'elle se limite à l'utilisation d'un détecteur du niveau liquide à flotteur qui détecte seulement deux seuils, niveau bas qui correspond à un réservoir vide, niveau haut qui correspond à un réservoir rempli. Et en fonction de ces deux informations, il permet la gestion de deux niveaux de commande, marche/arrêt d'une Pompe.

Figure 2. *Détecteur du niveau à flotteur*

3.2. *Cahier des charges*

A partir de la problématique citée ci-dessus, la société OMNITECH a exigé d'accomplir les tâches suivantes :

➢ Réalisation d'un capteur à effet capacitif.

➢ Le métal utilisé lors de la fabrication de la sonde soit non corrosif.

➢ Réaliser un prototype pour l'essai pour mesurer un niveau maximal de 500mm.

➢ Le boitier électronique soit étanche et placé dans la tête de la sonde.

➢ Etude et conception du circuit électrique.

➢ Transmission de l'information de sortie par boucle de courant 4 / 20mA.

> Utiliser le logiciel CAO EAGLE pour la conception du circuit imprimé.

3.3. *Solution proposée*

De ce fait, on est appelée à concevoir et réaliser un prototype du capteur qui assure un contrôle continu du niveau d'eau qui répond aux exigences désirées avec des conditions qui conviennent au promoteur. Notre choix s'est fixé sur la conception d'un capteur à effet capacitif vu l'engagement au cahier des charges, son coût réduit et la disponibilité des matières de fabrication dans l'entreprise.

Notre objectif est d'étudier, d'abord, la gamme de capacité à mesurer en fonction de la géométrie de la sonde et du niveau du liquide détecté. Ensuite, on va spécifier les composants électroniques qui assurent la conversion de la capacité en un signal analogique. La conversion se base sur deux étapes, la première assure la conversion de la capacité en une tension analogique, et la deuxième convertit cette tension en un courant continu entre 4mA et 20 mA pour éviter les chutes de tension lors de l'affichage du niveau dans un endroit loin du réservoir. Puis, on conçoit le circuit électronique en ajoutant un module d'affichage du niveau d'eau moyennant un afficheur LCD. Enfin, une communication série sera réalisée pour la mise en œuvre d'une interface homme-machine qui facilite à l'utilisateur le contrôle de son réservoir par ordinateur.

4. Généralité sur les capteurs capacitifs du niveau liquide

4.1. Utilité des capteurs dans le domaine industriel

L'optimisation de mesure du niveau est une problématique présente sur bon nombre de sites industriels. Que ce soit du stockage des matières premières, des produits finis, voire des déchets de production en attente de traitement, la mesure du niveau continue devient indispensable. A cela il faut encore ajouter les exigences de productivité, de traçabilité ou encore de sécurité des personnels et de protection de l'environnement qui font que l'industriel a besoin de savoir à chaque instant ce qu'il a précisément dans sa cuve.

Par ailleurs, les processus évoluent et les conditions de mesure du niveau sont toujours de plus en plus difficiles. Les constructeurs ont depuis longtemps investi en recherche et développement pour offrir au marché des capteurs de mesure du niveau de plus en plus performants. En effet, aussi évident que cela puisse paraître, on attend avant tout d'un capteur du niveau qu'il donne une mesure fiable.

Dans ce contexte, on s'intéresse dans ce projet au capteur capacitif du niveau liquide plus précisément l'eau. Pour mieux comprendre son fonctionnement, quelques informations sur les types des condensateurs sont requises.

4.2. Initialisation théorique sur les condensateurs

4.2.1. Le condensateur plan

Le condensateur plan est formé par deux armatures métalliques séparées par un isolant électrique appelé diélectrique. Si on maintient une différence de potentiel V entre les armatures, avec une batterie par exemple, on charge le condensateur en faisant passer des charges (électrons libres) de l'armature reliée à la borne positive de la source de potentiel qui acquiert alors une charge positive +Q, à l'armature reliée à la borne négative qui acquiert une charge –Q. Le condensateur est caractérisé électriquement par sa capacité C dont la relation la liant à ses caractéristiques géométriques est donnée ci-dessous. Le diélectrique peut être le vide, l'air sec, un solide isolant, un liquide isolant tel que l'essence ou tout autre hydrocarbure, ou même de l'eau parfaitement pure.

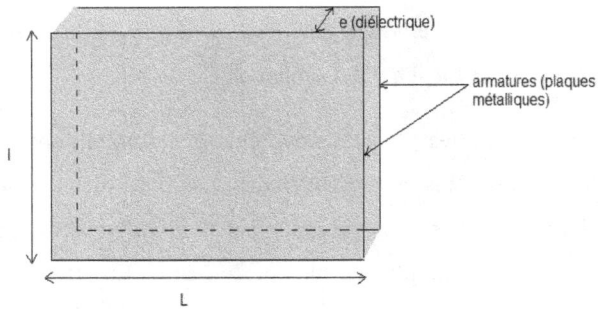

Figure 3. *Condensateur Plan*

$$C = \varepsilon * \frac{S}{e} \quad (1)$$

En tenant compte que : $S = L * l$ et $\varepsilon = \varepsilon_0 * \varepsilon_r$

$\varepsilon_r = 1$ pour le vide ou l'air et $\varepsilon_r > 1$ pour les liquides isolants.

4.2.2. Le condensateur cylindrique

Le condensateur cylindrique est constitué d'un cylindre central conducteur de rayon R1 et de longueur L qui constitue l'armature de polarité positive (portant une charge +Q) situé dans l'axe d'une coquille conductrice cylindrique mince de rayon R2 qui constitue l'armature de polarité négative (portant une charge -Q).

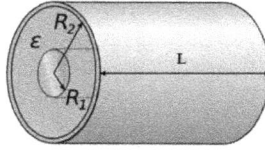

Figure 4. *Condensateur Cylindrique*

$$C = \varepsilon r * \varepsilon o * 2\pi * \frac{L}{\ln\left(R2/R1\right)} \quad (2)$$

4.2.3. Condensateur à deux tiges cylindriques

Ce type de condensateur est utilisé fréquemment dans le domaine de détection du niveau. Il se base sur la fixation parallèle de deux tiges métalliques de rayon a, et en fonction de la permittivité relative du liquide placé entre eux, il se forme une capacité proportionnelle au niveau du liquide H selon l'équation suivante [1] :

$$C = \frac{27,8 * H * \varepsilon r}{\ln\left(2h/a\right)} \quad (3)$$

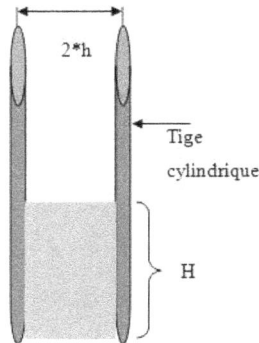

Figure 5. *Condensateur à deux tiges cylindriques*

4.3. Fonctionnement des capteurs capacitifs du niveau liquide [2]

Selon la nature du liquide présent dans la cuve, les capteurs capacitifs sont décomposés en deux catégories :

> ➢ Capteurs capacitifs pour liquide conducteur électrique.
> ➢ Capteurs capacitifs pour liquide isolant électrique.

4.3.1. Mesure du niveau dans le cas d'un liquide isolant électrique

L'élément de mesure est un condensateur cylindrique d'axe vertical et de hauteur égale à l'étendue de mesure du niveau. Il est fixé à la partie supérieure du réservoir et isolé électriquement de celui-ci. Le réservoir lui-même, s'il est métallique, peut jouer le rôle de l'armature extérieure tubulaire de rayon r_1, seule la tige armature intérieure étant à installer.

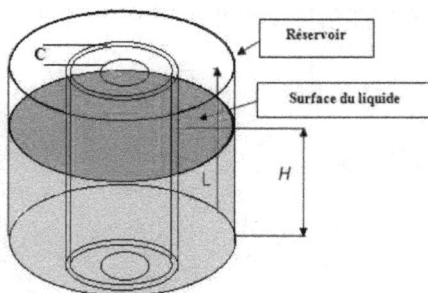

Figure 6. *Condensateur cylindrique immergé dans un réservoir*

Le liquide dont on mesure le niveau est le diélectrique pour la partie immergée du condensateur. La phase gazeuse située au-dessus du liquide dans le réservoir est le diélectrique pour la partie émergeante du condensateur. Il y a donc ici deux condensateurs en parallèle de capacité $C1$ correspondante à la phase liquide et $C2$ correspondante à la phase gazeuse. La capacité mesurée est $C = C1 + C2$.

18

$$C1 = \varepsilon rl * \varepsilon o * 2\pi * \frac{H}{\ln (R1/R2)} \quad (4)$$

$$C2 = \varepsilon rg * \varepsilon o * 2\pi * \frac{L - H}{\ln\left(R1/R2\right)} \quad (5)$$

Et par suite

$$C = \varepsilon o * \frac{2\pi}{\ln\left(R1/R2\right)} * [(\varepsilon rl - \varepsilon rg) * H + \varepsilon rg * L] \quad (6)$$

Dans ce cas, la relation est linéaire. La capacité mesurée est proportionnelle à la variation du niveau liquide H. Si le réservoir est isolant (non métallique), la sonde sera un condensateur cylindrique en supposant que le liquide est le diélectrique variant qui indique le niveau.

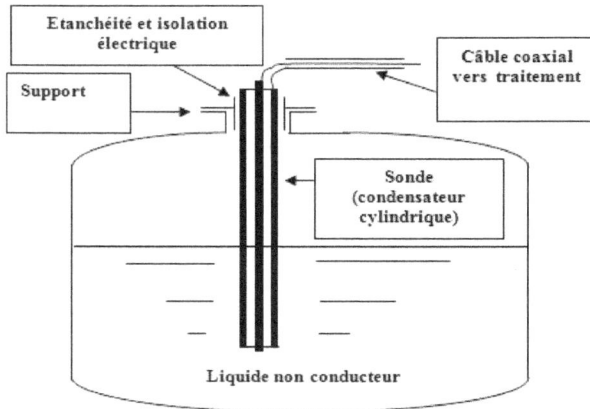

Figure 7. *Mesure du niveau pour liquide isolant dans un réservoir non métallique*

Pour un réservoir métallique, on doit immerger une sonde métallique qui joue le rôle de la première armature du condensateur. La seconde armature est la surface de contact de la cuve métallique avec le liquide non conducteur (diélectrique) comme illustre la figure suivante.

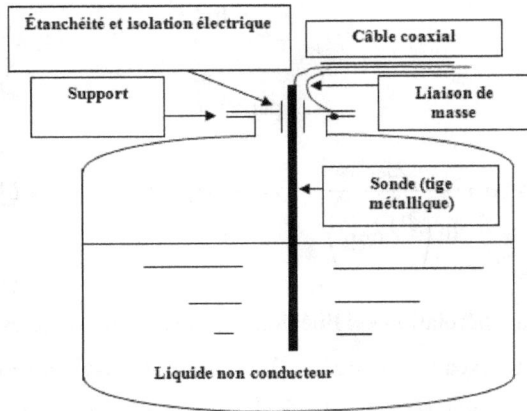

Figure 8. *Mesure du niveau pour liquide isolant dans un réservoir métallique*

4.3.2. Mesure du niveau dans le cas d'un liquide conducteur électrique

Dans ce cas, le condensateur est constitué par une tige métallique gainée d'un plastique isolant (par exemple, le téflon) et le liquide. La tige est la première armature du condensateur, la gaine isolante est le diélectrique, et le liquide conducteur qui l'entoure est la seconde armature. Ce liquide est en contact avec le métal du réservoir (ou avec une autre électrode métallique) qui assure la liaison de masse. Lorsque le niveau est en dessous de la sonde, le condensateur est constitué par la tige et le réservoir, le diélectrique étant essentiellement la phase gazeuse qui les sépare d'où une très faible capacité.

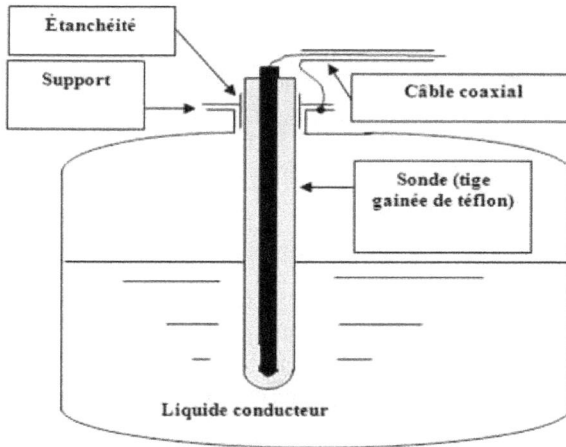

Figure 9. *Mesure du niveau pour liquide conducteur électrique*

La gaine isolante admet une épaisseur constante. Lorsque le niveau atteint la sonde et monte progressivement, une capacité $C1$ du condensateur constitué par la tige, la gaine et le liquide s'ajoute à une capacité $C2$ de la phase gazeuze. Cette dernière est prépondérante et varie linéairement avec le niveau. Donc, la capacité mesurée est là aussi linéaire au niveau du liquide.

5. Conclusion

On a développé dans ce chapitre deux parties principales. La première concerne la présentation de la société et la spécification du cahier des charges. La deuxième partie met l'accent sur des généralités théoriques concernant les capteurs capacitifs du niveau liquide pour avoir une vue générale sur l'étude qui sera faite par la suite. Dans le chapitre suivant, on va spécifier la forme géométrique de la sonde ainsi que la présentation du processus du fonctionnement du capteur.

Chapitre2 :

Principe de fonctionnement du

système

1. Introduction

Dans ce chapitre on va spécifier dans un premier lieu la forme de la sonde utilisée pour savoir la marge de capacité à mesurer. En adoptant ce choix, on élabore par la suite le processus traduisant le principe de fonctionnement du capteur capacitif du niveau tout en définissant les composants électroniques utilisés.

2. Choix de la forme de la sonde

Le choix de la forme de la sonde se base sur le cahier des charges, la nature du réservoir non métallique, la facilité de sa fixation dans un réservoir, son montage pour demeurer solidaire et fixe et la disponibilité des matières en stock dans l'entreprise. Pour ces raisons on a choisi d'utiliser deux tiges métalliques cylindriques en acier inoxydable montées en parallèle qui forment la sonde du capteur.

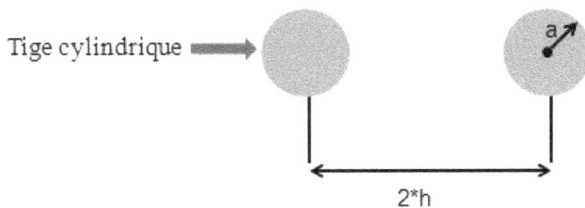

Figure 10. *Synoptique de la vue de dessus de la sonde*

L'équation de la variation de la capacité mesurée en fonction du niveau d'eau :

$$C_M = \frac{27{,}8 * H * \varepsilon r}{\ln\left(\frac{2h}{a}\right)} \ (pF) \ (7)$$

23

Si le réservoir est vide alors on est entrain de mesurer une capacité minimale sachant que le diélectrique ici est l'air de permittivité relative $\varepsilon r=1$.Si le réservoir est plein, la mesure sera effectuée pour une capacité maximale sachant que le diélectrique ici est l'eau de permittivité relative $\varepsilon r=78,4$ à 20C°. Mais il faut être certain que cette permittivité reste stable dans notre domaine de fréquence F utilisé.

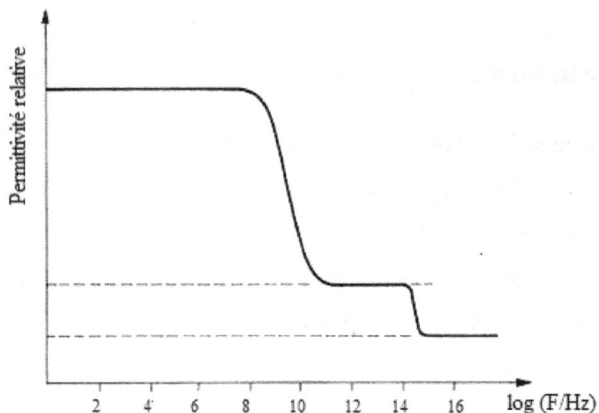

Figure 11. *Variation de la permittivité d'eau en fonction de la fréquence du champ électrique appliqué* [3].

L'eau a une permittivité relative d'environ 78,4 à 20°C. Cette valeur élevée est due aux effets collectifs des molécules dipolaires. Si on applique un champ sinusoïdal aux bornes du condensateur, la permittivité relative reste égale à la valeur statique si la fréquence F ne dépasse pas 100 MHz. Dans notre projet, la fréquence du champ appliqué au condensateur est de l'ordre de 70 KHz, donc on adopte que la permittivité relative de l'eau est fixe et de valeur 78,4.

Dans ce projet, le prototype de la sonde réalisé est de longueur 700mm sachant que le niveau maximal à mesurer est 500mm.

Les deux tiges cylindriques sont parallèles de diamètre 6mm. La distance entre les deux centres de deux tiges est 350mm = 2*h.

C_{vide}=2.92 pF

$C_{(50mm)}$=22.9 pF

$C_{plein(500mm)}$=229pF

A même valeur de la capacité, on peut atteindre des niveaux supérieurs à 500mm (niveau d'eau) soit en augmentant la distance entre les deux tiges ou en ajoutant une capacité en série avec la sonde. Dans ce projet l'essai sera fait à l'atelier pour un niveau maximal de 500mm.

3. Description du cycle de fonctionnement du capteur

La mesure et l'affichage du niveau d'eau qui varie dans le réservoir sont le but final du ce projet. Et pour y arriver le travail sera composé en 4 étapes principales :

> ➤ Entrée de la capacité.
> ➤ Conversion de la capacité en tension.
> ➤ Conversion de la tension en courant qui varie entre 4 et 20mA.
> ➤ Affichage de niveau.

D'abord, une variation de capacité est détectée à l'aide de deux fils d'un câble téléphonique, pour éviter les parasites, qui sont fixés à la tête des tiges cylindriques. Cette variation va être par la suite convertie en tension à l'aide d'un circuit capable de convertir une variation de capacité à une variation de tension. Puis, un courant variable de 4 à 20mA est défini comme sortie d'un autre circuit qui assure la conversion de la tension en courant. A l'aide de la variation de ce dernier, l'affichage du niveau sera fait plus loin de la position du réservoir.

Figure 12. *Cycle de fonctionnement du capteur capacitif*

3.1. Conversion de la capacité en tension

Comme la mesure de capacité est estimée entre 2,92 pF et 229 pF pour une longueur de 500mm, donc il faut chercher un circuit intégré qui peut supporter cette variation de capacité pour pouvoir la convertir en une tension analogique.

Après une étude de la disponibilité sur le marché et le moindre coût, notre choix est fixé sur le circuit intégré CAV424 appelé aussi convertisseur CAV424.

3.1.1. Présentation du CAV424

Le CAV424 est un circuit intégré programmé, son rôle est de convertir la capacité en tension continue ajustable qui lui est proportionnelle. Il supporte une capacité comprise entre 0.5pF et 1nF convertie en une tension de sortie entre 1,1V et 3,9V.

26

Vcc : 5V

Capacité mesurée :
0.5pf......1nf ⟶ **CAV424** ⟶ Vout : 1,1.....3,9 V

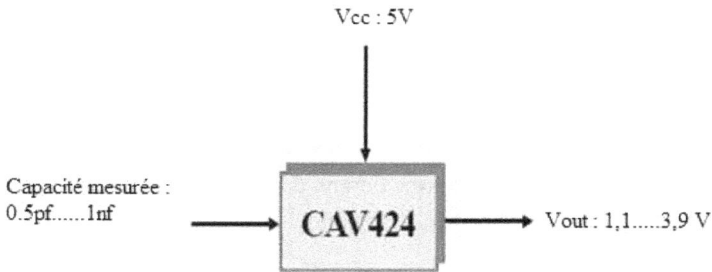

Figure 13. *Les entrées sorties du CAV424*

Le CAV424 peut servir à la mesure des distances, la détection de pression, la mesure de l'humidité et la détection du niveau qui est l'objectif du notre projet.

3.1.2. Les caractéristiques du CAV424 [4]

➢ Grande sensibilité de détection

➢ Large gamme de mesure de capacité de 0.5pF à 1nF

➢ Fréquence de détection jusqu'à 2 kHz

➢ Une sortie de décalage réglable (offset)

➢ Signal de sortie pleine échelle réglable

➢ Sortie différentielle

➢ Robustesse pour les hautes tensions

➢ Résistance aux températures de -40°c.....105°c

➢ Tension d'alimentation : 5v ± 5%

3.2.   Conversion de la tension en courant

Dès la conception du premier capteur analogique, on a toujours besoin de transmettre un signal analogique sans perdre les données. Au début, les ingénieurs ont eu des grandes difficultés à trouver un signal électrique qui

27

pouvait être transmis sur des fils sans introduire des erreurs. L'utilisation d'une simple variation de tension n'était pas assez fiable, car un changement dans la longueur et la résistance des fils avait pour conséquence de modifier la valeur mesurée et d'introduire des chutes de tension. Donc la tension de sortie du CAV424 doit être convertie en courant de norme industrielle variant de 4 à 20mA.

Après une étude de la disponibilité sur le marché, notre choix est fixé sur le circuit intégré AM402 qui est compatible au CAV424 car ils sont fabriqués par la même entreprise « Analog Microelectronics ».

3.2.1. Présentation de l'AM402

AM402 est un convertisseur conçu spécialement pour le traitement des signaux différentiels analogiques. Ce convertisseur transmet un courant de 4 à 20mA en se référant à une entrée de tension analogique différentielle.

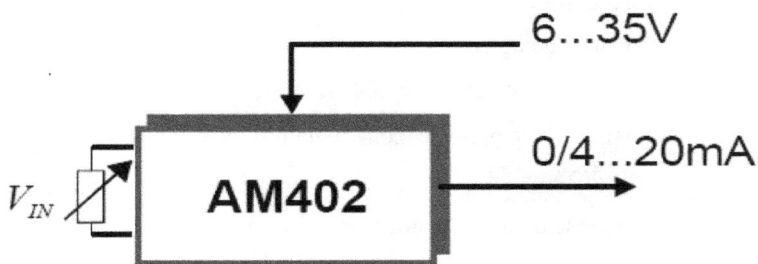

Figure 14. *Les entrées sorties de l'AM402*

3.2.2. Les caractéristiques de l'AM402 [5]

➢ Large gamme de tension d'alimentation: 6 ... 35V.
➢ Large gamme de température de fonctionnement:-40°C...+85°C.

> tension de référence réglable : 4.5 à 10V.

> Gain réglable et Offset.

> Plage réglable du courant de sortie de 4 à 20mA.

> Protection contre les inversions de polarité.

3.3. *Boucle du courant et affichage du niveau d'eau*

3.3.1. Boucle du courant

La boucle du courant 4-20 mA est un moyen de transmission permettant de transmettre un signal analogique sur des grandes distances sans perte ou modification du ce signal car la transmission d'une tension dans des grandes distances n'est pas fiable à cause des chutes de tension. Pour la réaliser, il faut 4 éléments : l'émetteur, l'alimentation de la boucle, les fils de la boucle et le récepteur. Ces 4 éléments sont connectés ensemble pour former une boucle [6].

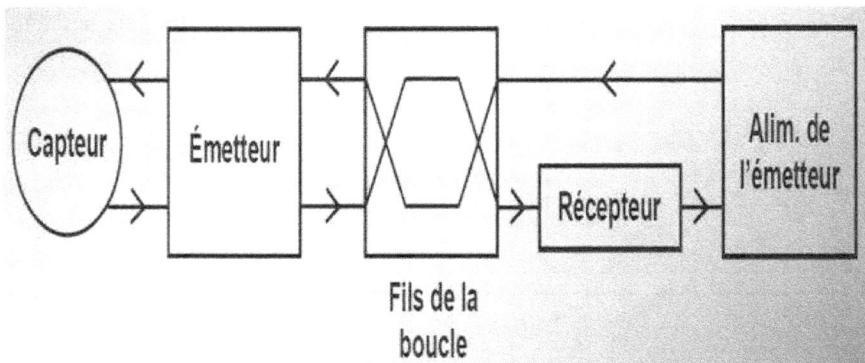

Figure 15. *Boucle du courant 4-20mA*

3.3.2. Les éléments de la boucle de courant

a. L'émetteur

L'émetteur dans notre cas est le circuit intégré AM402 qui va recevoir une variation de tension et émet un courant, il convertit la tension de sortie du CAV424 en un courant compris dans l'intervalle 4-20 mA. Le courant de valeur 4 mA correspond à la première mesure de capacité C_{Mmin} et 20 mA pour la dernière mesure C_{Mmax}. Si on lit 0 mA la boucle ne fonctionne plus donc il y a une erreur dans celle-ci. On peut donc conclure qu'en dessous de 4 mA on est en présence d'un défaut dans la boucle. Il s'agit généralement d'une coupure d'un conducteur, d'un défaut de l'alimentation ou d'un défaut interne du capteur.

b. L'alimentation

L'émetteur doit être alimenté à l'aide de deux fils de la boucle. Le courant de 0 à 4 mA de la boucle sert pour l'alimentation du circuit émetteur (l'émetteur doit donc consommer moins de 4 mA). La plupart des émetteurs sont alimentés en 24 V mais certain de bonne qualité n'ont besoin que de 12Vcomme le circuit intégré AM402 utilisé dans ce cas.

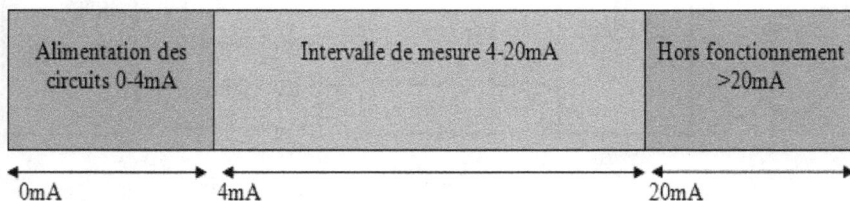

Alimentation des circuits 0-4mA	Intervalle de mesure 4-20mA	Hors fonctionnement >20mA

0mA   4mA   20mA

Figure 16. *Domaine de fonctionnement de la boucle du courant*

c. Les fils de la boucle

Deux fils relient tous les composants ensemble. Il y a quatre conditions pour le choix de ces fils : Il faut qu'ils aient une très faible résistance, une bonne protection contre la foudre, ne pas subir d'impulsion de tension induite par un moteur électrique ou un relais et avoir également une seule mise à la masse, plusieurs masse rendrait la boucle inopérante car une petite fuite de courant de masse dans la boucle risquerait d'affecter l'exactitude de mesure.

d. Le récepteur

Le récepteur dans notre cas est un afficheur LCD. Il peut y avoir plus d'un récepteur dans la boucle tant qu'il y a assez de tension pour alimenter la boucle, on peut insérer autant de récepteur que l'on veut. L'affichage du niveau d'eau sera effectué plus loin de la position du capteur grâce à la variation du courant de 4 à 20mA. Pour y arriver, on va se servir d'un afficheur LCD qui affiche instantanément le niveau sous forme des valeurs en pourcentage programmé à partir d'un pic.

3.3.3. Affichage du niveau

La variation du niveau d'eau entraine une sortie du courant variable de 4 à 20mA. Ce courant va être transporté à la position de l'affichage sur afficheur LCD. Après le test du circuit et l'essai de mesure du courant, une phase d'étalonnage est indispensable pour couvrir les erreurs de précision confrontées. Cette dernière est réalisée à l'aide de programmation d'un pic qui est aussi l'élément nécessaire pour la programmation de l'afficheur LCD qui montre la variation du niveau.

L'affichage du niveau ne se limite pas à l'afficheur LCD, il est aussi perceptible dans l'ordinateur en réalisant une connexion avec le port série et en développant une interface homme-machine qui est détaillée dans le dernier paragraphe du chapitre 4.

4. Conclusion

Ce chapitre décrit le processus de réalisation du capteur en annonçant aussi les différents circuits intégrés choisis pour assurer son fonctionnement. C'est une initialisation pour détailler dans les chapitres suivants chaque étape en élaborant le dimensionnement nécessaire des composants électroniques.

Chapitre3 :

Module de conversion de la capacité

en courant et affichage du niveau

1. Introduction

Ce chapitre détaille la procédure de conversion de la capacité en tension, cette opération est effectuée à l'aide du CAV424. Après, le convertisseur AM402 va assurer la transmission du courant variant de 4 à 20mA. Ce dernier sert à l'affichage du niveau d'eau dans un endroit plus loin que le réservoir de quelques centaines de mètres en se référant à la norme 4-20mA. Enfin, on ajoute une communication série entre l'ordinateur et le circuit d'affichage pour faire un contrôle instantané du réservoir.

2. Module de conversion de la capacité en courant

Dans ce paragraphe, on va étudier le principe de fonctionnement du circuit de conversion de la capacité en courant. En début, on détaille la méthode de conversion de la capacité en tension, puis la conversion de la tension en courant obéissant à la norme 4-20mA.

2.1. Fonctionnement du CAV424 [4]

2.1.1. Description générale du CAV424

Le CAV424 est un convertisseur qui permet de convertir une capacité variable à une variation de tension analogique. Il contient l'électronique de conditionnement complète pour la mesure de capacité qui varie entre 0.5 pF et 1nF. Le circuit détecte le changement relatif en capacité ($\Delta C_M = C_{Mmax} - C_{Mmin}$) par rapport à une capacité de référence C_R fixe tel que C_{Mmax} est la capacité maximale mesurée et C_{Mmin} est la capacité minimale mesuré. La tension de sortie différentielle a été spécialement conçue pour la connexion à un convertisseur analogique numérique ou à un convertisseur tension/courant.

2.1.2. Le principe de mesure du CAV424

Le principe de mesure du notre transducteur implique l'enregistrement d'une variation de capacité dans un pont de capteur comprenant deux sources intégrées du courant réglables et de deux condensateurs dont le premier est de capacité variable mesurée C_M et le deuxième est défini comme une référence C_R. La variation de capacité de mesure est comparée à la capacité de référence fixe et le signal résultant est une tension qui va subir des opérations du filtrage et d'amplification pour avoir une tension de sortie ajustée.

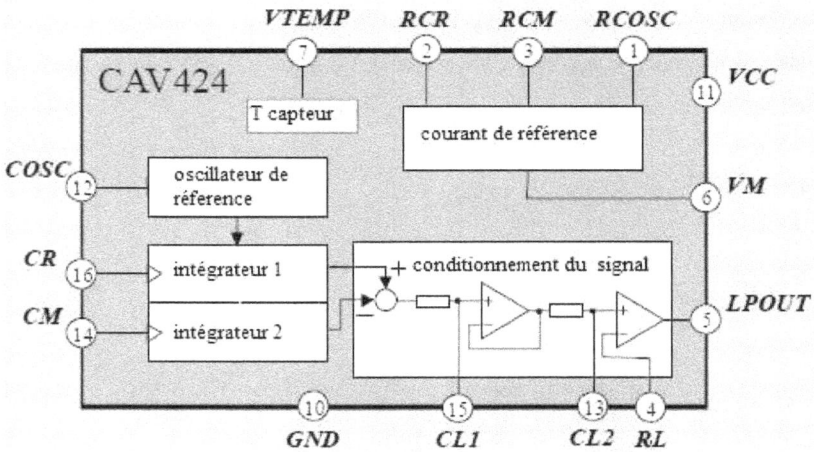

Figure 17. *Diagramme de blocks du CAV424*

a. Rôle de l'oscillateur

Un oscillateur réglable, tel que sa fréquence est définie par une capacité C_{OSC}, fournit une tension en dents de scie et entraine deux intégrateurs symétriques à verrouillage de phase et synchronisés par une horloge. Les amplitudes des deux intégrateurs sont déterminées par les deux condensateurs de capacité C_R et C_M. L'oscillateur charge et décharge le condensateur externe de capacité C_{OSC}. Le courant de l'oscillateur I_{OSC} est déterminé par le résistor extérieur de résistance R_{OSC} et la tension de référence V_M.

$$I_{OSC} = \frac{V_M}{R_{OSC}} \quad (8)$$

Calcul de la fréquence de l'oscillateur :

$$f_{osc} = \frac{I_{OSC}}{2 * \Delta V_{OSC} * C_{OSC}} \quad (9)$$

ΔV_{OSC} est la différence entre la tension maximale et la tension minimale de l'oscillateur ($V_{OSC, haut}$ et $V_{OSC, bas}$). Cette différence est définie à partir de deux résistances externes et a comme valeur de 2.1V pour $V_{CC}=5V$. La fréquence de l'oscillateur est spécifiée à partir du choix de R_{OSC} et C_{OSC}.

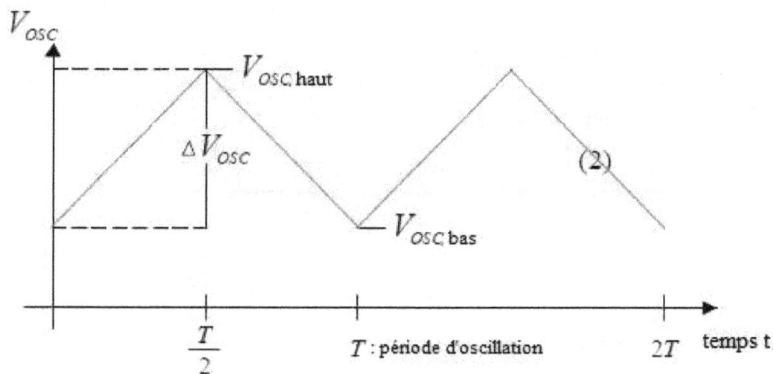

Figure 18. *Variation de la tension VOSC en fonction de temps*

b. Rôle des intégrateurs capacitifs

Les intégrateurs capacitifs sont synchronisés avec l'oscillateur. La seule différence apparait dans le temps de décharge qui est la moitié de celle de l'oscillateur et l'autre moitié de temps de décharge est mise constante à V_{CLAMP}. En outre la tension minimale atteinte par les intégrateurs est maintenue à $1.2V=V_{CLAMP}$.

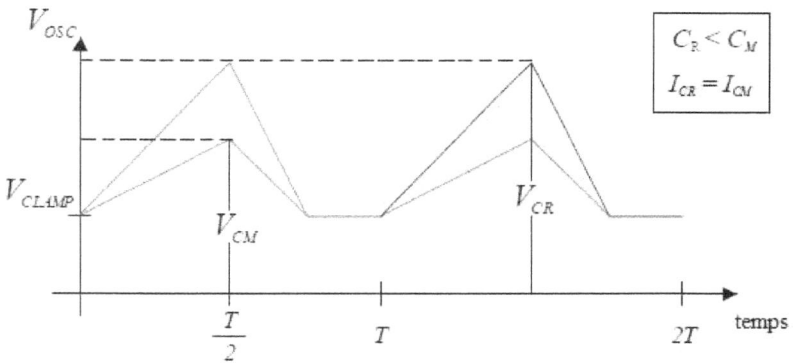

Figure 19. *Les tensions de sortie de deux intégrateurs*

Les courants des intégrateurs capacitifs I_{CR} et I_{CM} sont fixés à partir des résistors externes R_{CM} et R_{CR} et la tension de référence V_M.

$$I_{CM} = \frac{V_M}{R_{CM}} \quad (10)$$

$$I_{CR} = \frac{V_M}{R_{CR}} \quad (11)$$

Les condensateurs C_M et C_R sont chargées au maximum tension de V_{CM} et V_{CR} respectivement, et leurs capacités peuvent être calculées à l'aide des deux équations ci-dessous :

$$V_{CM} = \frac{I_{CM}}{2 * f_{osc} * C_M} + V_{CLAMP} \quad (12)$$

$$V_{CR} = \frac{I_{CR}}{2 * f_{osc} * C_R} + V_{CLAMP} \quad (13)$$

c. Rôle du l'étage du conditionnement du signal

Les deux tensions V_{CM} et V_{CR} sont soustraites l'une de l'autre dans l'étage de conditionnement de signal. Via cette soustraction, V_{CLAMP} sera éliminée et une tension continue de V_{TPAS} est produite comme un signal de sortie après le filtrage à l'aide d'un filtre passe bas. La tension filtrée et redressée a comme valeur V_{TPAS} :

$$V_{TPAS} = \frac{3}{8} * (V_{CR} - V_{CM}) \quad (14)$$

La tension V_{TPAS} est amplifiée en utilisant un amplificateur opérationnel interne ayant un gain qui dépend de valeurs des résistances R_{L1} et R_{L2} :

$$G_{LP} = 1 + \frac{R_{L1}}{R_{L2}} \quad (15)$$

Et par suite :

$$V_{DIFF} = G_{LP} * V_{TPAS} = G_{LP} \frac{3}{8} * (V_{CR} - V_{CM}) \quad (16)$$

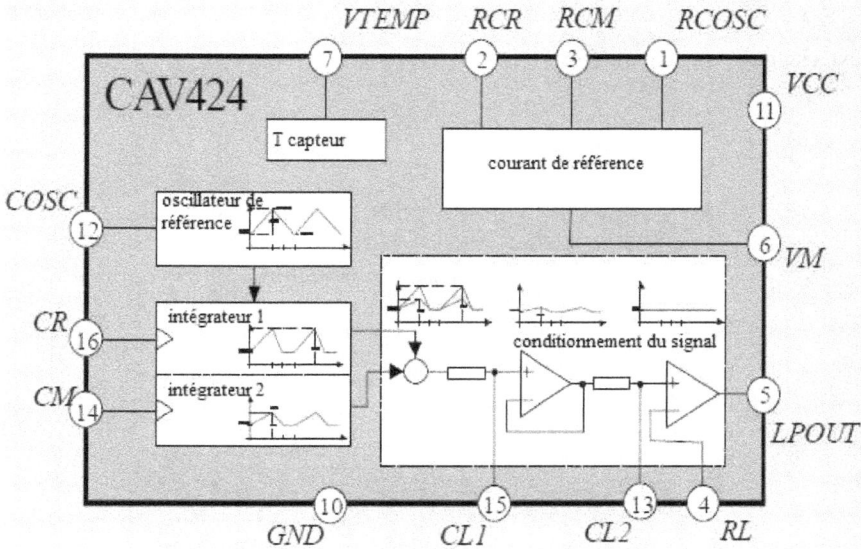

Figure 20. *Forme des signaux dans le CAV424*

Pour le signal de sortie :

$$V_{LPOUT} = V_{DIFF} + V_M \quad (17)$$

Il est évidemment remarquable à partir des équations décrites précédemment que la tension de sortie est une fonction des capacités C_M et C_R, de la fréquence d'oscillation f_{OSC} et des courants de charge intégrés I_{CM} et I_{CR} tels que f_{OSC}, I_{CM} et I_{CR} sont constants

$$V_{LPOUT} = f(C_M, C_R, f_{OSC}, I_{CM}, I_{CR}) \quad (18)$$

Le circuit CAV424 doit être accompagné de quelques composants extérieurs pour réaliser sa fonction de conversion. Ces composants sont des résistors et des condensateurs dimensionnés selon les exigences de notre application.

La figure suivante montre le circuit intégré CAV424 avec ses composants extérieurs.

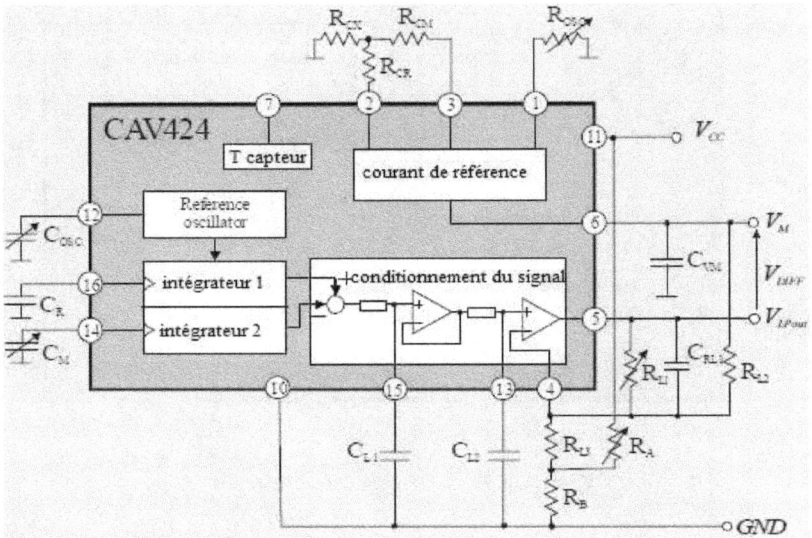

Figure 21. *Schéma du CAV424 avec ces composants extérieurs*

2.1.3. Dimensionnement du CAV424 *[7]*

Lors du dimensionnement sur la base des équations données, un écart de la valeur théorique est remarqué lors de mesure de la tension de sortie expérimentalement dont il faut tenir compte. Pour cette raison le cav424 est donné avec un algorithme d'étalonnage sous Microsoft Excel qui a été développé par « Analog Microelectronics ». Pour une fréquence de l'oscillateur donnée et fixe, le programme calcule les valeurs de courants d'intégration I_{CM} et I_{CR}. Ensuite, on dimensionne les valeurs des résistances de telle sorte qu'on adopte à la plage de tension de sortie adéquate.

La compensation du système de détection est effectuée en deux étapes. Dans la première étape, une opération d'étalonnage est définie en entrant les valeurs de f_{OSC}, C_{Mmin}, C_{Mmax}, $V_{DIFFmin}$, $V_{DIFFmax}$ et V_{IR}. Ensuite le programme fournit les sorties calculées à base des équations dans la fiche technique et des opérations d'étalonnage, les sorties sont C_R, C_{OSC}, R_{OSC}, C_{L1}, C_{L2}, R_{CR}, R_{CM}, R_{CX}, I_{CR}, I_{CM}, f_{DET}.

Maintenant les valeurs de tension $V_{DIFF\ (mess,\ min)}$ et $V_{DIFF\ (mess,\ max)}$ sont entrées dans la deuxième étape du programme d'étalonnage. En utilisant ces deux valeurs mesurées expérimentalement, l'algorithme calcule les deux valeurs de résistance R_{L1} et R_A qui remplacent $R_{L1\ (mess)}$ et $R_{A\ (mess)}$. Selon les exigences de précision de la configuration, ces valeurs doivent correspondre à celles calculées le plus prés que possible.

La société fabricante du CAV424 a mentionnée que les résultats ne seront pas fiables que lorsque on prend une décade de mesure ($C_{MAX}= 10*C_{MIN}$).par conséquent, le début de mesure sera fait à partir de 50mm jusqu'à 500mm.

Tableau 2. *Etage d'entrée du dimensionnement*

Paramètre	symbole	valeur	unité
Fréquence de l'oscillateur	f_{osc}	70	KHz
Capacité minimale mesurée	$C_{M,\ min}$	23	pF
Capacité maximale mesurée	$C_{M,\ max}$	229	pF
Tension différentielle minimale de sortie	$V_{DIFF\ (min)}$	0	V
Tension différentielle maximale de sortie	$V_{DIFF\ (max)}$	1,4	V
Tension de couplage	V_{IR}	2	V

Tableau 3. *Etage de sortie du dimensionnement*

Paramètre	symbole	valeur	unité
Capacité de référence	C_R	23	pF
Capacité d'oscillation	C_{OSC}	36,8	pF
Résistance d'oscillation	R_{OSC}	231,07	KOhm
Capacité du filtre passe-bas	$C_{L1,\,L2\,(min)} >>$	7,14	nF
Fréquence de détection de variation de la capacité	f_{DET}	1076,92	Hz
Résistance de fixation du courant de l'intégrateur de la capacité de référence	R_{CR}	369,71	KOhm
Résistance de fixation du courant de l'intégrateur de la capacité mesurée	R_{CM}	369,71	KOhm
Résistance de couplage thermique	R_{CX}	46,21	KOhm
Courant de charge des intégrateurs	I_{CR}, I_{CM}	5,41	uA
Courant de charge de l'oscillateur	I_{OSC}	10,81	uA
Tension de référence	V_M	2,5	V
Amplitude de la tension d'oscillation	V_{OSC}	2,1	V
Tension de couplage	V_{IR}	2	V

Tableau 4. *Mesure expérimentale et calibration*

Entrées des mesures effectuées	
$V_{DIFF \text{ (mess, min)}}$	0 V pour $C_{M, \text{ min}}$=23 pF
$V_{DIFF \text{ (mess, max)}}$	1 V pour $C_{M, \text{ max}}$=229 pF
Valeurs des résistances à remplacer	
R_{L1}	164 KOhm
R_A	100 KOhm

En faisant la différence entre les deux tensions de sortie des intégrateurs correspondant à la capacité de référence et la capacité mesurée, on trouve :

$$V_{CR} - V_{CM} = \frac{V_M}{2 * f_{osc} * R_{CR} * C_R} - \frac{V_M}{2 * f_{osc} * R_{CM} * C_M} \quad (19)$$

Et comme R_{CR} =R_{CM} alors :

$$V_{CR} - V_{CM} = \frac{V_M}{2 * f_{osc} * R_{CR}} * \left(\frac{1}{C_R} - \frac{1}{C_M}\right) = 4{,}83 * 10^{-11} \left(\frac{1}{C_R} - \frac{1}{C_M}\right) \quad (20)$$

La tension de sortie du filtre passe-bas est :

$$V_{TPAS} = \frac{3}{8} * (V_{CR} - V_{CM}) = 1{,}81 * 10^{-12} \left(\frac{1}{C_R} - \frac{1}{C_M}\right) \quad (21)$$

Le gain à l'étage de sortie est :

$$G_{LP} = 1 + \frac{R_{L1}}{R_{L2}} = 2 \quad (22)$$

43

D'où la tension différentielle de sortie est :

$$V_{DIFF} = G_{LP} * V_{TPAS} = 3,62 * 10^{-11} \left(\frac{1}{C_R} - \frac{1}{C_M} \right) \quad (23)$$

Comme la variation de la capacité à l'entrée est de l'ordre de picofarads alors :

$$V_{DIFF} = 36,2 * \left(\frac{1}{23} - \frac{1}{C_M} \right) \quad (24)$$

Par suite la tension de sortie est :

$$V_{LPOUT} = V_{DIFF} + V_M = 2,5 + 36,2 * \left(\frac{1}{23} - \frac{1}{C_M} \right) \quad (25)$$

A cette phase on a réussi à convertir la capacité mesurée à une tension variable. On représente dans la figure suivante la courbe théorique de la variation de la tension en fonction de la capacité mesurée.

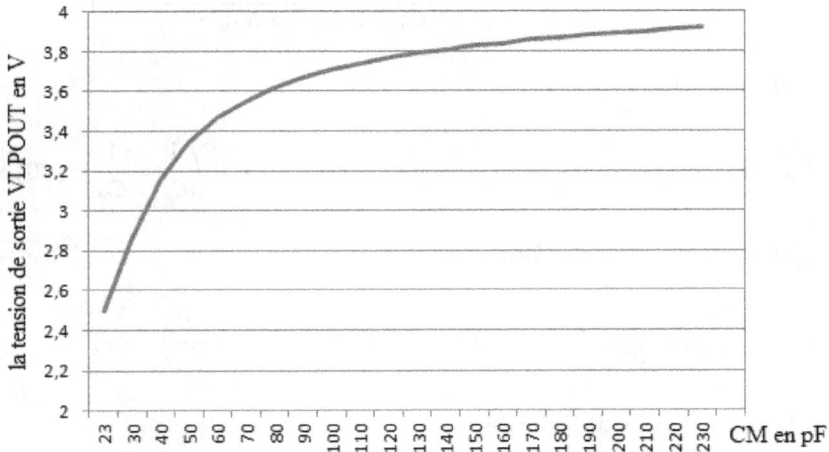

Figure 22. *Variation de V_{LPOUT} en fonction de C_M*

44

On remarque que la réponse de tension V_{LPOUT} n'est pas linéaire à la variation de la capacité d'entrée mais elle suit son augmentation.

Dans le paragraphe suivant, on élabore la conversion de cette tension en courant. Pour atteindre ce but, on utilise le convertisseur intégré AM402.

2.2. *Fonctionnement de l'AM402* [5]

2.2.1. Description générale de l'AM402

L'AM402 est un circuit intégré, son rôle est de convertir une tension analogique différentielle variable en un courant variant de 4 à 20mA. Ce transducteur admet 3 blocks fonctionnels. Un amplificateur à grande précision fonctionne à l'étage d'entrée pour amplifier la source de tension différentielle. Une tension de référence peut être ajustée entre 4,5 et 10V. L'étage de conversion de la tension en courant est défini à la sortie du circuit qui génère un courant de sortie qui correspond à la norme industriel de 4 à 20mA.

2.2.2. Description fonctionnelle de l'AM402

L'AM402 est un convertisseur tension \ courant produit spécialement pour des tensions analogiques différentielles. En ajoutant des composants extérieurs, la sortie du courant est ajustée de 4 à 20mA. Un transistor T_1 amplifie le courant à la sortie du circuit pour atteindre la norme industrielle 4-20mA. Une diode D_1 est ajoutée pour protéger le transistor contre l'inversion de polarité.

L'AM402 est composé essentiellement de 3 blocks fonctionnels :

> ➢ Etage d'entrée.
> ➢ Etage de référence.
> ➢ Etage de sortie.

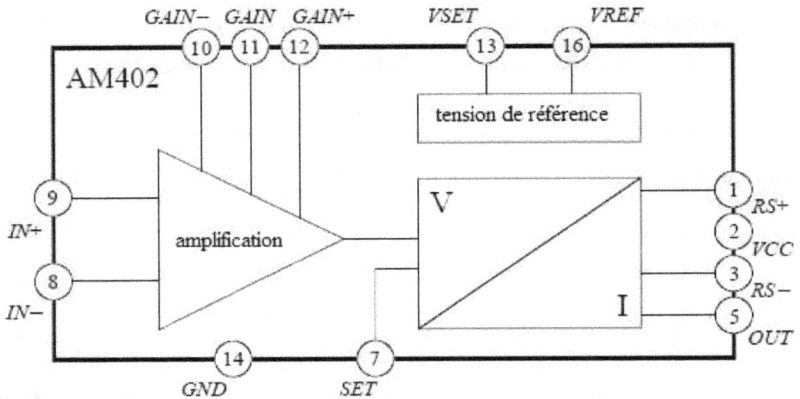

Figure 23. *Blocks fonctionnels de l'AM402*

a. Rôle de l'étage d'entrée

Un amplificateur de précision est placé à l'entrée du ce circuit pour assurer une amplification de tension différentielle ajustable à partir d'un gain G_{IA}. Ce gain est calculé à l'aide de deux résistors externes R1 et R2.

$$G_{IA} = 1 + \frac{R_1}{R_2} \quad (26)$$

b. Rôle de l'étage de référence

Son rôle est de fournir une tension de référence ajustable qu'on peut l'utiliser pour alimenter d'autres composants extérieurs. Cette tension varie entre 4,5V et 10V et selon le besoin on peut s'en profiter.

c. Rôle de l'étage de sortie

L'étage de sortie du circuit est un étage de conversion en courant contrôlé par tension. Le courant offset est ajusté à l'aide de deux résistors externes R_3 et R_4. Le courant de sortie I_{OUT} placé à la sortie de l'émetteur du transistor T_1 est calculé à partir de la tension d'entrée, le gain G_{IA} et le courant offset I_{SET}. Une

46

surtension placé à l'entrée ou un grand échauffement du circuit produit l'arrêt du fonctionnement d'où la particularité de l'AM402 en terme de sécurité.

$$I_{SET} = \frac{V_{REF}}{2R_0} * \frac{R_4}{R_3 + R_4} \quad (27)$$

$$I_{OUT} = V_{IN} * \frac{G_{IA}}{R_0} + I_{SET} \quad (28)$$

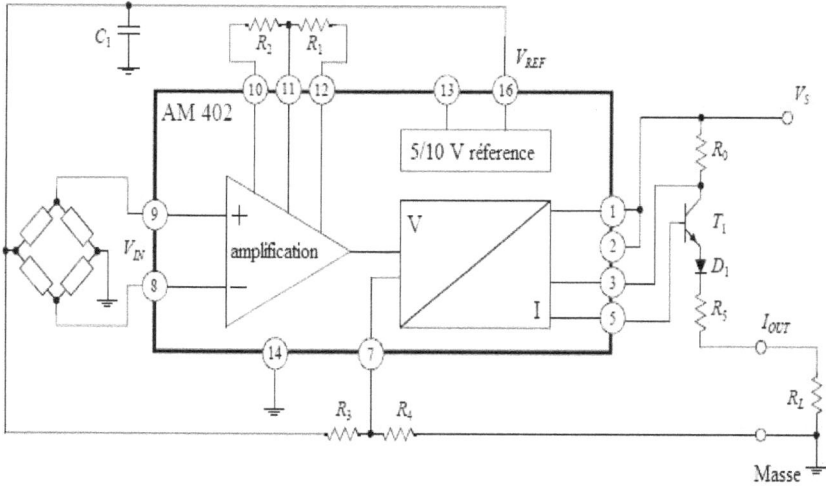

Figure 24. *Le circuit AM402 avec ses composants extérieurs*

2.2.3. Dimensionnement de l'AM402

On va dimensionner l'AM402 en se référant à une tension différentielle d'entrée qui varie entre 0 et 200mV. Par conséquent, il faut placer deux diviseurs de tension à l'entrée pour réduire la tension V_{LPOUT} et V_M issues du CAV424 à la valeur voulue ($V_{LPOUT} - V_M = 0.....200mV$).

Le dimensionnement se fait en respectant la fiche technique :

$$I_{SET} = \frac{V_{REF}}{2R_0} * \frac{R_4}{R_3 + R_4} = \frac{5}{2*29} * \frac{9*10^3}{(180+9)*10^3} = 4,1 \, mA \ (29)$$

$$G_{IA} = 1 + \frac{R_1}{R_2} = 1 + \frac{30*10^3}{12*10^3} = 2,5 \ (30)$$

D'où le courant de sortie est :

$$I_{OUT} = V_{IN} * \frac{G_{IA}}{R_0} + I_{SET} = V_{IN} * \frac{2,5}{29} + 4,1 * 10^{-3} \ (31)$$

On résulte que $I_{OUT, \, min}$=4,1mA (VIN=0) et $I_{OUT, \, max}$= 21,3 mA (VIN=200mV).

La courbe ci-dessous représente la variation du courant de sortie I_{OUT} en fonction de la tension d'entrée V_{IN}.

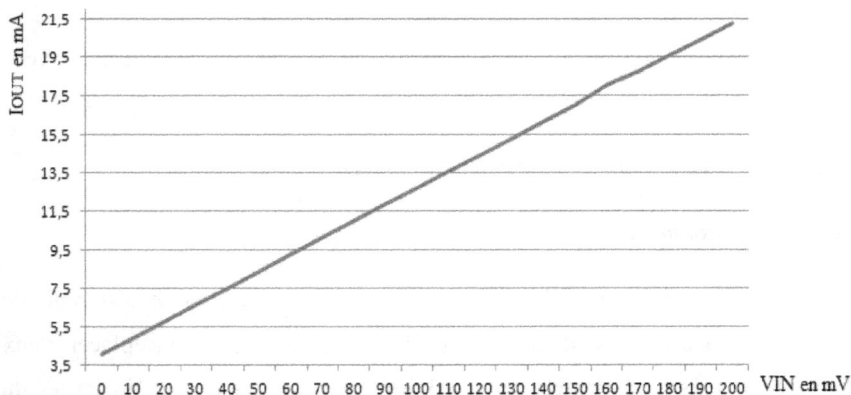

Figure 25. *Variation du courant I_{OUT} en fonction de V_{IN}*

On remarque que le courant de sortie de l'AM402 est proportionnel à la variation de sa tension d'entrée d'où sa réponse linéaire.

48

3. Module d'affichage du niveau d'eau

Le circuit de l'affichage comporte trois composants principaux :

- ➢ Le microcontrôleur 16C72A.
- ➢ L'afficheur LCD.
- ➢ Le circuit intégré max232.

On remarque, par la suite dans le schéma saisi avec le logiciel EAGLE, l'absence de l'afficheur LCD dans le circuit schématisé car on va lui envoyer les informations el les données en intégrant une nappe avec son connecteur.

Figure 26. *Nappe à 16 pôles avec son connecteur*

3.1. Le microcontrôleur 16C72A

On trouve le microcontrôleur 16C72A en boîtier de 28 broches. Les pins numéro 1, 20, 8 et 19 sont réservés respectivement pour l'alimentation +5V et la masse et pour les pins numéro 9 et 10 sont les pins du branchement de l'oscillateur externe (quartz). Le choix de ce dernier est basé sur le besoin de l'application. On cherche un microcontrôleur qui offre une entrée analogique avec la conversion numérique, 2 entrées pour une horloge externe, six sorties configurables à un afficheur LCD et 2 sorties configurés pour la communication série vers le circuit MAX232 pour la communication avec l'ordinateur. Tous ces besoins sont disponibles dans le microcontrôleur 16C72A. Pour contrôler la variation du courant traduisant la variation du niveau d'eau par le microcontrôleur, il faut transformer ce courant en une tension qui ne dépasse pas 5V en ajoutant une résistance R_L à l'entrée analogique du pic (R_L=250 Ohm).

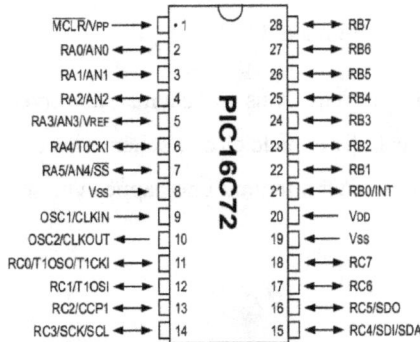

Figure 27. *Les broches du microcontrôleur 16C72A*

3.2.   *Caractéristiques de l'afficheur LCD*

Les afficheurs LCD sont devenus indispensables dans les systèmes techniques qui nécessitent l'affichage des paramètres du fonctionnement. Ils sont des modules compacts intelligents et nécessitent peu de composants externes pour un bon fonctionnement. Ils consomment relativement peu (de 1 à 5 mA). Grâce à la commande par un microcontrôleur, ces afficheurs permettent de réaliser un affichage des messages aisés. Ils permettent également de créer ses propres caractères.

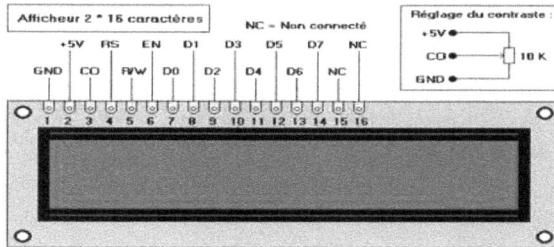

Figure 28. *Afficheur LCD 2*16 caractères*

Maintenant, on présente une description rapide de la fonction de chaque broche.

Tableau 5. *Fonction des broches de l'afficheur LCD*

N°	Broche	Fonction
1	GND	Masse de l'alimentation
2	+5V	Alimentation 5V
3	CO	Réglage du contraste
4	RS	0 : Instuction 1 : Donnée
5	R/W	0 : Ecriture 1 : Lecture
6	EN	Validation
7	D0	
8	D1	Données
9	D2	
10	D3	Dans le cas de l'adressage en 4 Bits, seuls les bits D4...D7 sont utilisés. Les bits D0...D3 ne sont alors pas connectés.
11	D4	
12	D5	
13	D6	
14	D7	

En observant le brochage de l'afficheur, on constate qu'il faut un minimum de 6 sorties pour le commander. En effet, si on utilise l'adressage sur 4 bits et que l'on se prive de la lecture dans l'afficheur donc on relie R/W à la masse, il nous faut commander les six broches EN, RS, D4, D5, D6, et D7. Ce mode 4 bits est bien pratique quand on utilise un petit micro contrôleur où le nombre d'entrées/sorties est très limité.

3.3. Le rôle du circuit MAX 232

Afin d'identifier la fonctionnalité du circuit MAX 232, un clin théorique sur la communication série est obligatoire.

3.3.1. Communication série RS232

Les liaisons séries sont des moyens de transport d'informations (communication) entre divers systèmes numériques. On les oppose aux liaisons parallèles par le fait que les différents bits d'une donnée ne sont pas envoyés en même temps mais les uns après les autres, ce qui limite le nombre de fils de transmission. Elles sont appelées asynchrones car aucune horloge n'est transportée avec le signal de données.

Le standard de transmission de données séries entres équipements à été développé dans les années 60 par l'EIA (Electronic Industries Association). Il était défini pour la transmission de données de type texte ASCII (codes ASCII : American Standard Code for Information Interchange) entre les systèmes numériques et les modems.

Compte tenu de sa simplicité de mise en œuvre et des atouts de la communication numérique, l'utilisation de la liaison série fut rapidement généralisée. On la retrouve dans :

> ➢ La transmission de données entre ordinateur et périphériques (imprimantes, tables traçantes, souries, claviers, modems, ...).
> ➢ La communication entre ordinateurs.
> ➢ La communication avec tous les systèmes à microcontrôleur.

La spécificité de RS232 « Recommended Standard 232 » tient dans l'adaptation en tension des signaux afin d'être transmis sur une distance supérieure (15m). La norme RS232 précise les niveaux électriques des signaux chargés, véhicule l'information et ajoute à la donnée envoyée un certain nombre de signaux de contrôle.

Dans ce projet, on va utiliser une liaison bidirectionnelle minimale sans contrôle de flux, il faudra 3 conducteurs RX, TX, GND.

Tableau 6. *Communication RS232*

RX	transmission	conducteur d'émission des données
TX	Réception	conducteur de réception des données
Gnd	Masse	conducteur de masse du signal

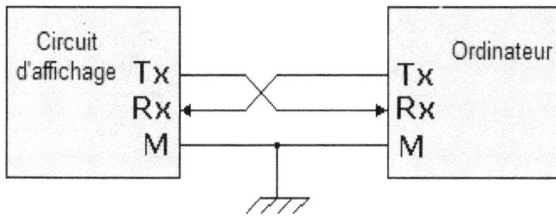

Figure 29. *Liaison 3 fils RS232*

3.3.2. Connecteur DB9

Le connecteur DB9 (à l'origine nommé DE-9) est une prise analogique, comportant 9 broches, sert essentiellement dans les liaisons séries, permettant la transmission de données asynchrone selon la norme RS-232.

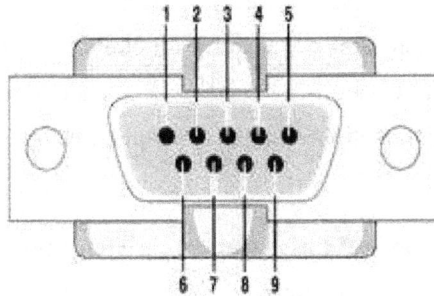

Figure 30. *Connecteur DB9*

Tableau 7. *Les fonctions des broches du connecteur DB9*

Numéro	nom	désignation
1	CD-Carrier Detect	Détection de porteuse
2	RXD-Receive Data	Réception de données
3	TXD-Transmit Data	Transmission de données
4	DTR-Data Terminal Ready	Terminal prêt
5	Gnd-Signal ground	Masse logique
6	DSR-Data Set Ready	Données prêtes
7	RTS-Request To Send	Demande d'émission
8	CTS-Clear To Send	Prêt à émettre
9	RI-Ring Indicator	Indicateur de sonnerie

Les cartes électroniques à base de microcontrôleurs fonctionnent très souvent avec des niveaux TTL soit 0-5Volt, 0V pour le niveau 0 et 5Volt pour le niveau 1. Brancher donc directement une ligne RS232 sur un microcontrôleur n'aurait donc aucun sens et pourrait aussi endommager le système en imposant des tensions de 25volt. De ce fait, il faut placer un composant qui permet d'adapter cette tension.

3.3.3. Le circuit MAX232

Le MAX232 est un composant créé par MAXIM que l'on trouve sous d'autres références chez d'autres fabricants. Il sert d'interface entre une liaison série TTL (0-5V) et une liaison série RS232 (+12, -12V) et ce avec une simple alimentation 5V. Dans ce cas, on peut faire la communication entre l'ordinateur et le circuit de l'affichage en toute sécurité.

Figure 31. *Circuit intégré MAX232*

Le schéma suivant montre le brochage du circuit MAX232 avec ses composants passifs ainsi qu'avec le connecteur DB9.

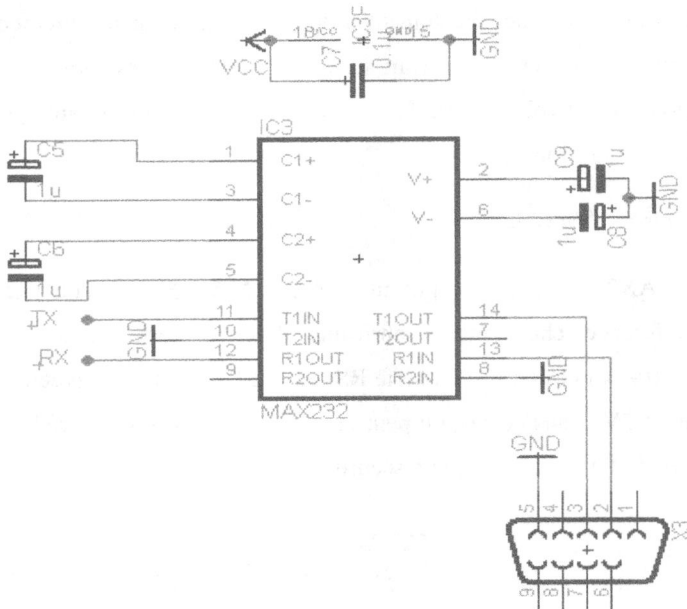

Figure 32. *Connexion du MAX232 avec le connecteur DB9*

4. Conclusion

Dans ce chapitre, on a détaillé le fonctionnement capteur ainsi que le dimensionnement des composants utilisés. Ensuite, on a décrit le module d'affichage de niveau tout en définissant l'afficheur LCD et la connexion série avec l'ordinateur selon la norme RS232.

Chapitre4 :

Réalisation du système et

développement interface

homme-machine

1. Introduction

Dans ce dernier chapitre on va passer à la réalisation des circuits imprimés traduisant le principe de fonctionnement du système en faisant les tests nécessaires. Puis, une simulation du module de l'affichage est indispensable pour montrer sa fonctionnalité. Enfin, on passe au développement d'une interface homme-machine pour faciliter le contrôle par ordinateur.

2. Conception électronique du module de conversion de la capacité en courant

2.1. Présentation du logiciel EAGLE

EAGLE acronyme de « Easily Applicable Graphical Layout Editor » est un logiciel de conception assistée par ordinateur des circuits imprimés. Il comprend un éditeur de schémas, un logiciel de routage du circuit imprimé avec une fonction d'auto routage, et un éditeur de bibliothèques. Le logiciel est fourni avec une série de bibliothèques des composants de base. C'est un logiciel multiplateforme. Dans ce projet, on va utiliser ce logiciel pour la conception du circuit imprimé et l'auto routage.

2.2. Réalisation du circuit

La saisie du schéma électrique est une étape indispensable pour la conception des circuits imprimés. Les différentes étapes de réalisation du circuit imprimé sont :

➢ Saisie du schéma ;
➢ Placement des composants ;
➢ Verification ERC (Electrical Rule Check) ;

➢ Routage

➢ Réalisation pratique

2.2.1. L'alimentation du circuit de conversion de la capacité en courant

Dans ce paragraphe, on va présenter l'alimentation du CAV424 et de l'AM402.

a. Alimentation de l'AM402

L'alimentation de l'AM402 est une tension continue de valeur 12V. Elle est fournie par une alimentation à découpage externe. L'entrée de cette alimentation est une tension 220V alternative de fréquence 60 Hz. Sa sortie est une tension continue de valeur 12V avec un courant de valeur 3.8A. Un pont à diode est ajouté juste après l'entrée de la tension 12V pour protéger le circuit contre l'inversement de polarité.

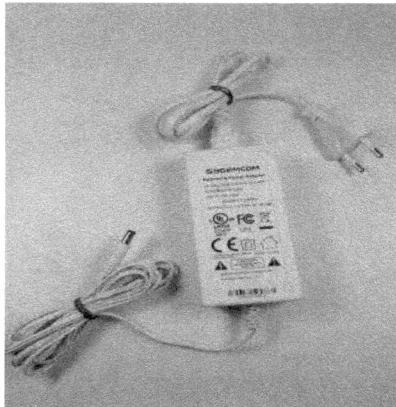

Figure 33. *Alimentation à découpage 220V/12V continue*

b. Alimentation du CAV424

L'alimentation du CAV424 est une tension de 5V. Pour l'obtenir, il faut abaisser la tension continue 12V à une tension continue 5V à l'aide du régulateur LM7805.On place à l'entrée et à la sortie du ce régulateur deux capacités chimiques pour enlever les signaux parasites de valeurs respectives 0,33uf et 0.1uf selon la fiche technique.

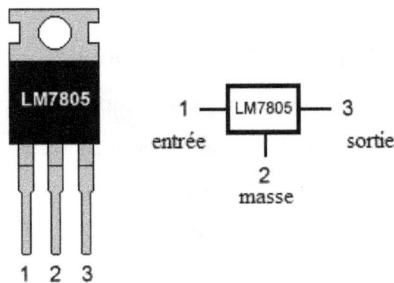

Figure 34. *Régulateur LM7805*

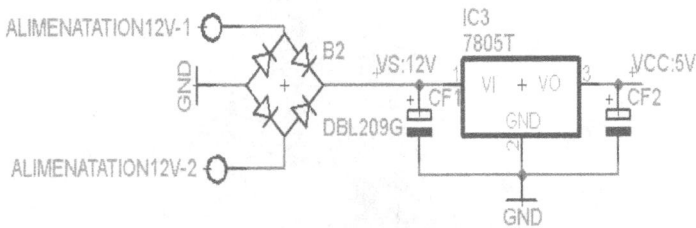

Figure 35. *Alimentation 5V à l'aide du régulateur LM7805*

2.2.2. La conception du circuit imprimé du module de conversion de la capacité en courant

La conception du circuit imprimé est faite avec le logiciel EAGLE. Premièrement, on va schématiser le circuit avec tous ses composants. La

60

schématisation est réalisée moyennant l'appel à des bibliothèques de composants puis à leurs connexions selon l'étude et la conception déjà effectuées. La connexion s'effectue à l'aide de l'outil « net » et des « bus ». Après, une étape de détection des erreurs ERC (electrical rule check) est indispensable pour avoir ultérieurement un routage correct. La correction de ces erreurs se fait manuellement, par exemple :

➢ Points d'entrée non utilisés.
➢ Pins non connectés dans le schéma.

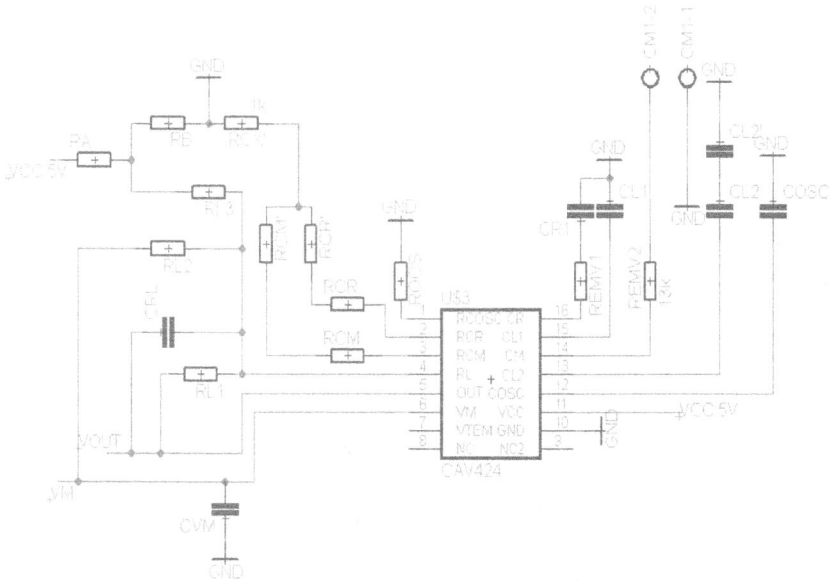

Figure 36. *Schématique du CAV424 avec ses composants extérieurs*

61

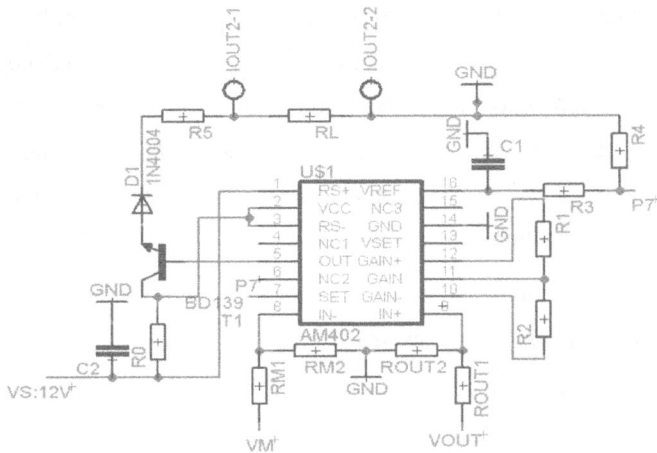

Figure 37. *Schématique de l'AM402 avec ses composants extérieurs*

2.3. Routage du circuit de conversion de la capacité en courant

Le routage du circuit avec le logiciel EAGLE est fait automatiquement. Néanmoins, il n'est pas optimisé donc des petites interventions manuelles sont faites pour atteindre un maximum de gain en surface.

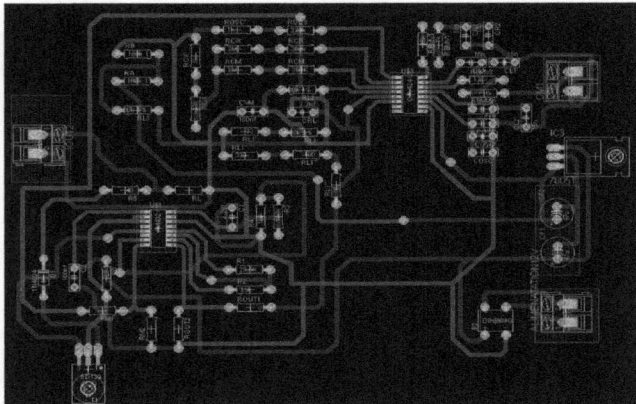

Figure 38. *Routage du circuit de conversion de la capacité en courant*

> ➢ Légende : ____ pistes de la face supérieure des composants.

  ____ pistes de la face inférieure.

Figure 39. *Circuit réalisé de conversion de la capacité en courant*

2.4. Test du circuit de conversion de la capacité en courant

Dans le test du capteur, on va fixer avec la sonde une règle graduée en cm .On varie le niveau d'eau et on affiche sur le multimètre la tension du sortie V_{LPOUT} du CAV424. On trace la caractéristique V_{LPOUT} en fonction de niveau H.

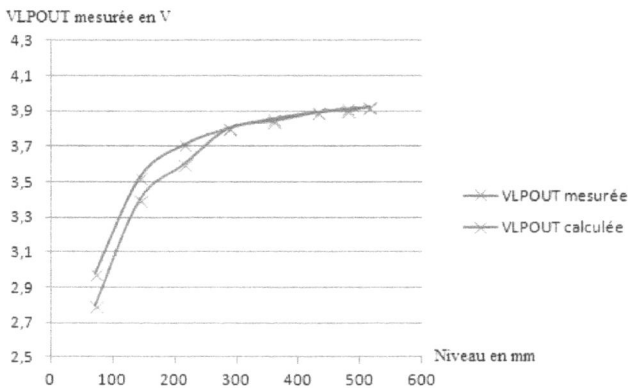

Figure 40. *Courbe de la variation de V_{LPOUT} en fonction du niveau d'eau*

63

Le résultat obtenu est attendu puisque une variation de la capacité correspond à une variation du niveau d'eau. Donc, cette courbe admet la même forme que la courbe de la variation de V_{LPOUT} en fonction de C_M.

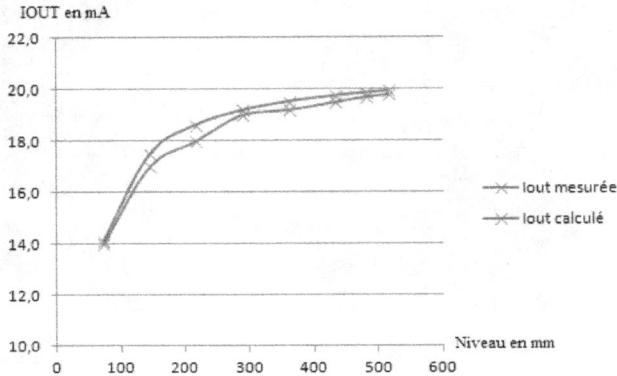

Figure 41. *Courbe de la variation de I_{OUT} en fonction du niveau d'eau*

La variation du courant de sortie n'est pas linéaire par rapport la variation du niveau d'eau. Ce résultat est logique puisque la tension d'entrée ici est la sortie du CAV424 qui ne suit pas une réponse linéaire.

3. Simulation et conception électronique du circuit d'affichage

Dans ce paragraphe on va simuler le circuit par un logiciel de simulation nommé ISIS qu'on va le définir et citer ses différents tâches. Par la suite, on va saisir le schématique du circuit d'affichage et faire le routage de ses composants.

3.1. Simulation du module de l'affichage

La simulation permet de modéliser le fonctionnement des circuits électroniques afin de pouvoir prévoir, analyser et vérifier leurs comportements avant de passer aux étapes suivantes de la conception. La

64

simulation du module de l'affichage est réalisée à l'aide du logiciel ISIS PROTEUS.

3.1.1. Présentation du logiciel ISIS PROTEUS

Le logiciel ISIS de PROTEUS est principalement conçu pour éditer des schémas électriques. Par ailleurs, le logiciel permet également de simuler ces schémas ce qui permet de déceler certaines erreurs dès l'étape de conception. Indirectement, les circuits électriques conçus grâce à ce logiciel peuvent être utilisé dans des documentations car le logiciel permet de contrôler la majorité de l'aspect graphique des circuits.

Dans ce projet on va se profiter des avantages de ce logiciel pour la simulation de l'affichage du niveau. La conception du circuit sera faite avec le logiciel EAGLE.

3.1.2. Programmation du microcontrôleur

Comme il est indiqué dans les chapitres précédents, que le circuit de l'affichage du niveau n'est pas proche du réservoir, il est mis dans un endroit loin de celui-ci (quelques centaines des mètres) en se basant sur une variation du courant pour contrôler le niveau d'eau.

La simulation du circuit de l'affichage nécessite la programmation du microcontrôleur 16C72A. La programmation est effectuée avec le logiciel Proton IDE. C'est un logiciel de programmation utilisant le langage basic pour les microcontrôleurs PIC de Microchip. C'est un produit du groupe POSEK. Il permet de développer, construire et déboguer les applications embarquées à base du PIC.

Proton IDE intègre un compilateur qui permet de créer des fichiers utilisés par plus d'un type de compilateurs et programmateurs comme les fichiers .asm et les fichiers .hex.

Cet environnement de développement admet plusieurs fonctionnalités telles que:

> Un code très compact et efficace.
> Une richesse du matériel et des bibliothèques de logiciels.
> Une documentation complète.
> Le soutien débogueur matériel.
> La génération de fichiers d'extension .bas.

Le code développé avec le logiciel Proton IDE permet de lire une variation de tension analogique variable à l'entrée du pic qui traduit la variation du niveau d'eau. Au début du développement, on doit configurer l'afficheur LCD pour qu'il soit prêt de recevoir les informations ainsi que la connexion avec le port série. Dans notre on va transmettre des informations seulement (des valeurs qui varient entre 0 et 100 traduisant le pourcentage du niveau d'eau dans le réservoir). Après, la tension d'entrée va subir une opération de conversion en un signal numérique. Ensuite, on ajoute des équations d'étalonnage et des boucles de condition pour avoir la précision souhaitée. Enfin, on envoie ces informations vers l'afficheur LCD et vers le circuit MAX232.

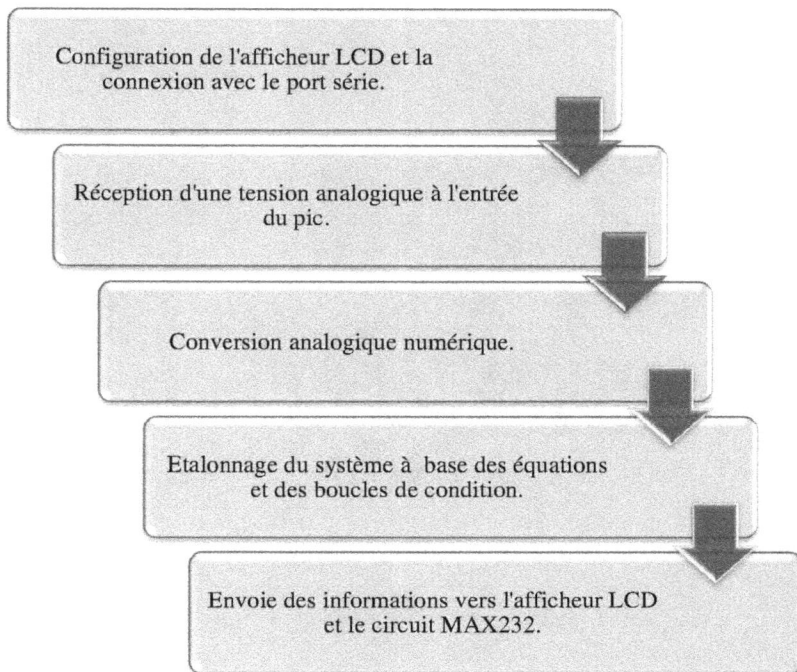

Figure 42. *Les étapes de programmation*

3.1.3. Essai de la Simulation

L'essai de la simulation se fait avec le logiciel ISIS. Dans les deux figures suivantes, on montre par exemple l'affichage de deux niveaux d'eau, soit un réservoir vide ou demi plein. Ce changement d'état est du à un potentiomètre qui délivre une tension variable qui traduit dans ce projet la variation du niveau d'eau. La tension maximale de potentiomètre est 5v (pour ne pas endommager le microcontrôleur) qui traduit un niveau maximal d'eau.

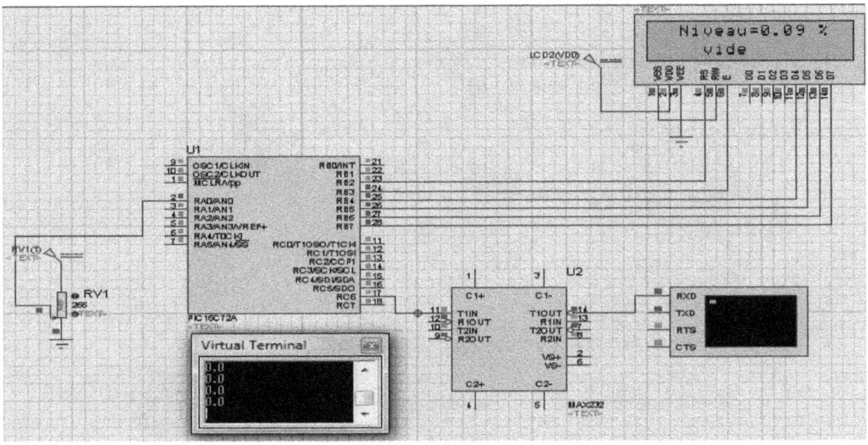

Figure 43. *Affichage du niveau bas d'eau dans le réservoir*

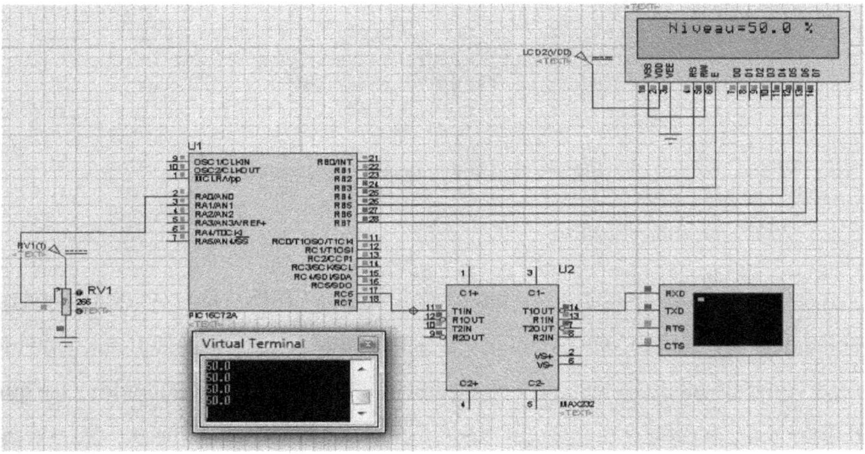

Figure 44. *Affichage du niveau demi plein d'eau dans le réservoir*

3.2. Conception du circuit d'affichage

3.2.1. Alimentation du circuit d'affichage

L'alimentation du circuit de l'affichage est une tension 5V continue. Donc, il faut ajouter le régulateur LM7805 pour abaisser la tension 12V issue de l'alimentation à découpage 220V/12V continue qui est suivi par un pont à diodes contre l'inversement de polarité.

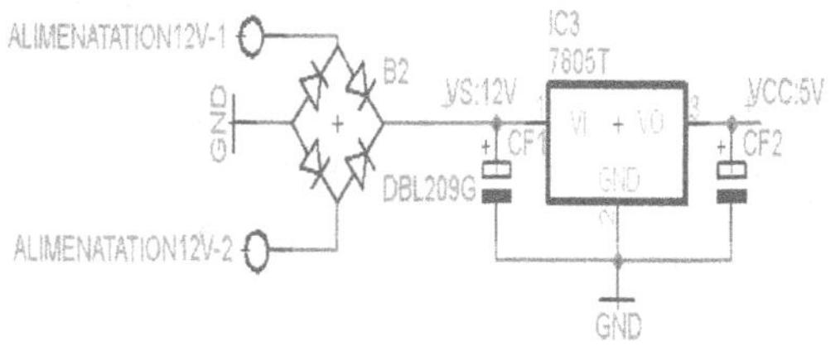

Figure 45. *Alimentation du circuit de l'affichage*

3.2.2. Saisie du schéma du circuit d'affichage

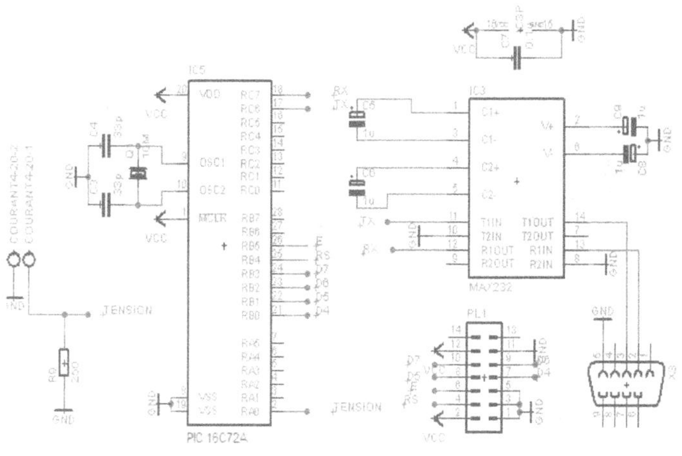

Figure 46. *Schéma du circuit de l'affichage du niveau*
69

3.3. Routage du circuit de l'affichage du niveau

Après l'emplacement des composants selon notre choix et en respectant la diminution de la surface, on lance le routage automatique avec des petites interventions manuelles.

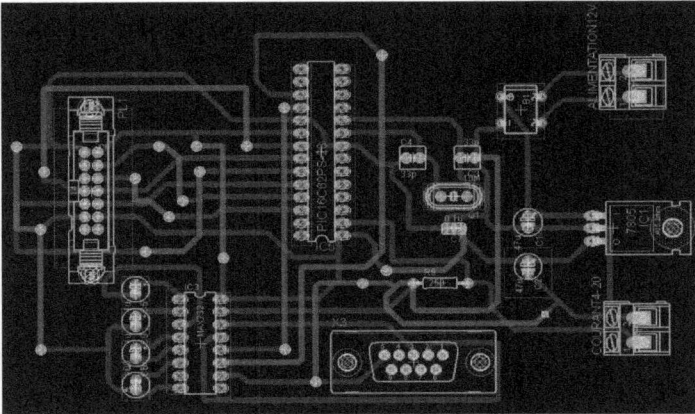

Figure 47. *Routage du circuit de l'affichage du niveau*

➢ Légende : ▬▬▬ pistes de la face supérieure des composants.

▬▬▬ pistes de la face inférieure.

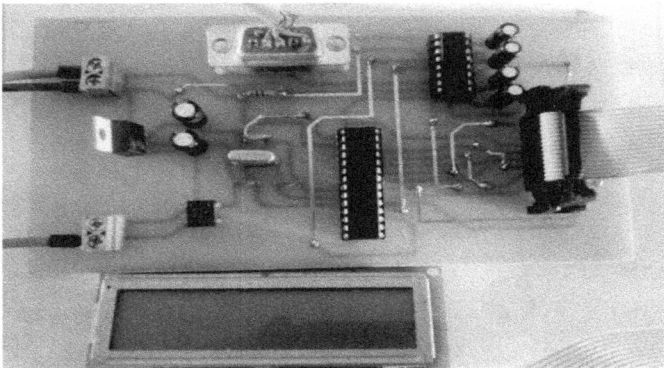

Figure 48. *Circuit réalisé pour l'affichage du niveau d'eau*

4. Connexion des circuits et choix du boitier

Dans ce paragraphe, on relie le circuit de conversion avec le circuit d'affichage par deux fils : le premier fil correspond au transport du courant 4-20mA et le deuxième fil est le retour du courant (la masse).

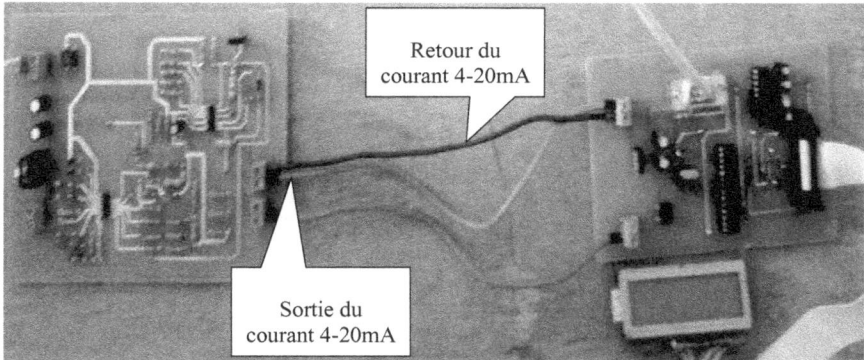

Figure 49. *Connexion des circuits imprimés*

Le choix du boitier pour les deux circuits conçus se base sur son étanchéité et sa résistance contre la pénétration de l'eau et de poussière. De ce fait, on a choisi le boitier étanche IP65 tel que :

> ➢ IP : désigne l'indice de protection.
> ➢ 6 : désigne la protection totale contre la poussière.
> ➢ 5 : désigne la protection contre les jets d'eau de toutes directions à la lance.

Figure 50. *Boitier étanche IP65*

5. Développement interface homme-machine

5.1. Définition interface homme-machine

Plus communément appelée IHM, une interface homme machine c'est l'ensemble des dispositifs matériels qui permettent aux humains d'agir sur un système   informatique. Ce domaine a connu de nombreuses améliorations ces dernières années et les recherches ne cessent d'avancer pour proposer toujours plus d'interfaces afin de faciliter le contrôle des systèmes avec leurs ordinateurs. Pour concevoir cet interface plusieurs langages sont disponibles par exemple Visual Basic.

5.2. Présentation du logiciel Microsoft Visual Basic

Le logiciel Visual Basic est un outil de développement produit de Microsoft. Son langage de programmation appelé couramment VB. Il a été conçu pour être facile à apprendre et à utiliser. Ce langage permet de créer des applications graphiques de façon simple, mais également de créer des applications véritablement complexes. Programmer en VB est un mélange de plusieurs tâches, comme disposer visuellement les composants, définir les propriétés et les actions associées à ces composants, et enfin ajouter du code pour ajouter des fonctionnalités. Comme les attributs et les actions reçoivent des valeurs par défaut, il est possible de créer un programme simple sans que le programmeur écrive de nombreuses lignes de code.

5.3. Réalisation d'interface homme-machine

L'interface homme machine dans ce projet va modéliser l'état du réservoir selon les informations reçues par la communication série RS232. Le contrôle de niveau est effectué en temps réel en affichant l'heure, les minutes, et les

72

secondes de la dernière trame reçue. Ensuite, une extraction d'un tableau dans un fichier Excel est disponible pour l'impression

5.3.1. Contrôle d'accès

Pour la confidentialité de la société, il faut rendre l'interface homme-machine propriétaire à l'ingénieur qui contrôle le niveau d'eau du réservoir.

Le contrôle d'accès est défini par le nom de l'utilisateur et le mot de passe. Si ces derniers sont saisis correctement un message apparait pour confirmer le passage à l'interface du contrôle du niveau. Si le nom d'utilisateur et le mot de passe sont erronés un message d'erreur apparait pour réessayer la saisie. Sinon, un message de confirmation apparait et l'interface de contrôle de niveau apparait. Les deux figures suivantes représentent le processus d'accès déjà décrit.

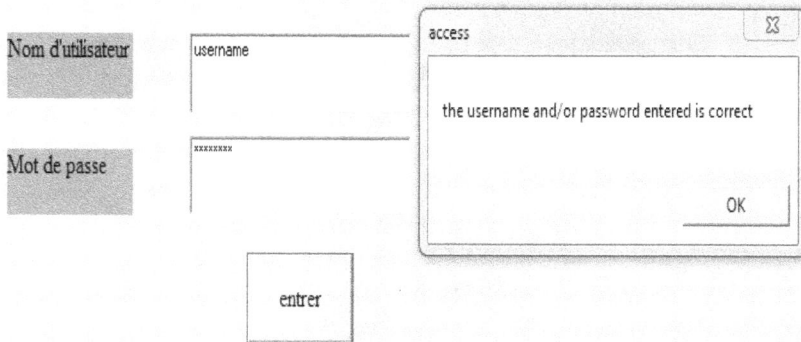

Figure 51. *Accès avec un nom d'utilisateur et un mot de passe corrects*

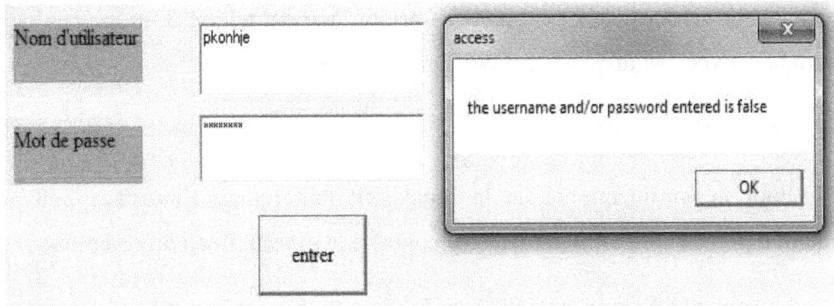

Figure 52. *Accès avec un nom d'utilisateur et/ou un mot de passe faux*

5.3.2. Interface de contrôle du niveau

L'interface de contrôle de niveau contient l'horaire de la dernière trame reçue et l'état du réservoir. Le niveau d'eau varie selon la valeur reçue par la communication série, cette valeur est comprise entre 0 et 100 désignant le pourcentage du niveau atteint.

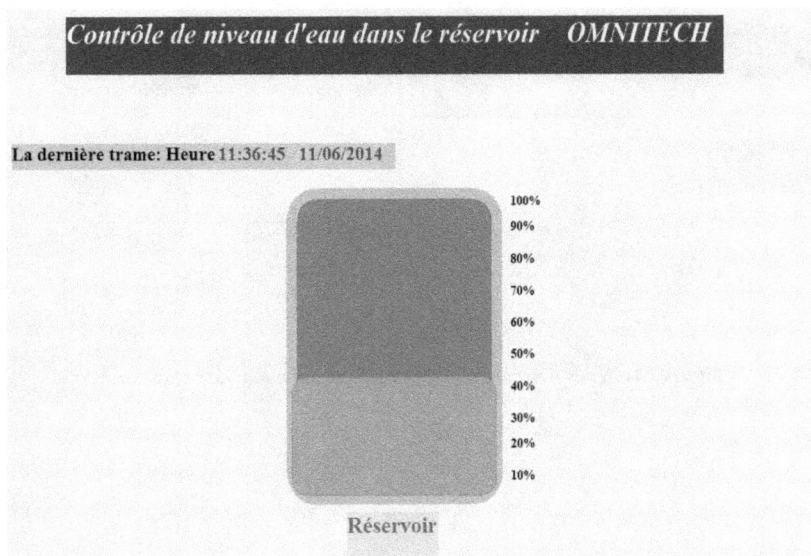

Figure 53. *Interface de contrôle du niveau d'eau*

5.3.3. Consultation de l'historique

La consultation de l'historique offre deux choix :

➤ Consultation de l'historique d'une date fixe.
➤ Consultation de l'historique entre deux dates différentes.

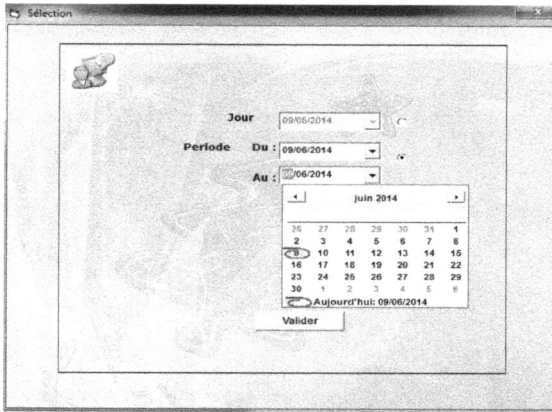

Figure 54. *Interface de consultation de l'historique*

Après la fixation de la date choisie, un tableau apparait dans cette application qui contient tous les enregistrements effectuées à l'horaire voulu.

Tableau 8. *Mesure des niveaux avec l'heure et la date*

Niveau	HEURE	DATE
50	11:36:39	11/06/2014
40	11:36:45	11/06/2014
50	11:41:06	11/06/2014
60	11:41:11	11/06/2014
70	11:41:18	11/06/2014
50	11:41:23	11/06/2014
10	11:41:27	11/06/2014
53	11:41:32	11/06/2014

5.3.4. Exportation du tableau dans un fichier Excel

A partir du tableau précédent, on peut extraire un fichier Excel pour l'impression en cliquant sur l'icône fichier------> sauvegarder les mesures------->> oui. Le contenu du fichier Excel est similaire à celui affiché dans le tableau précédent de l'application.

Tableau 9. *le fichier Excel contenant le tableau de mesure*

	A	B	C	D
1	Niveau	HEURE	DATE	
2	50	11:36:39	06/11/2014	
3	40	11:36:45	06/11/2014	
4	50	11:41:06	06/11/2014	
5	60	11:41:11	06/11/2014	
6	70	11:41:18	06/11/2014	
7	50	11:41:23	06/11/2014	
8	10	11:41:27	06/11/2014	
9	53	11:41:32	06/11/2014	
10				

6. Conclusion

Ce chapitre met l'accent sur la réalisation pratique du système de contrôle du niveau. Ensuite, on a testé le fonctionnement de l'afficheur LCD. Finalement, une conception d'interface homme-machine est réalisée afin de contrôler le réservoir sur ordinateur. Cet interface est très simplifiée à l'utilisateur et lui offre la possibilité d'extraire des fichiers Excel pour l'impression.

Conclusion générale

Dans le cadre de projet de fin d'études, on a achevé le sujet «capteur du niveau d'eau à effet capacitif». Le présent travail a été effectué au sein de la société OMNITECH.

Ce projet est le résultat d'un travail consacré à la détection du niveau d'eau contenue dans les réservoirs en béton. Le travail s'inscrit dans le cadre de la conception et la fabrication d'un prototype d'un capteur à effet capacitif. La variation du niveau d'eau atteint 500mm entre les deux tiges de la sonde qui entraine une variation de la capacité mesurée. La capacité variable est traduite par la suite à une variation de courant obéissante à la norme 4-20mA. L'affichage de niveau est fait par un afficheur LCD et par ordinateur à l'aide d'une communication série moyennant une interface homme-machine.

Ce rapport comporte quatre chapitres. Le premier a pour but d'avoir une vue générale sur le projet et son environnement. Quant au deuxième, il décrit le principe de fonctionnement du système pour détailler dans le chapitre suivant le module de conversion de la capacité en courant et l'affichage de niveau. Finalement, le dernier chapitre met l'accent sur la réalisation pratique du système et le développement de l'interface homme-machine en se basant sur la communication série.

Enfin, j'espère que cette étude puisse être utile à la société OMNITECH pour l'implantation de ce prototype dans leurs projets industriels.

Bibliographie

- [1] Martin A Plonus., « Applied electromagnetic » ,1978.

- [2] Michel Poissenot., « *Mesure de niveau capacitive (condensateur)* ». http //michel.poissenot.pagesperso-orange.fr/capacite.htm.

- [3] Hubert H Girault., « *Electrochimie physique et analytique* », 2007.

- [4] Analog Microelectronics., « *analogmicro.en.CAV424.pdf* ».July 2007. http://www.analogmicro.de/

- [5] Analog Microelectronics., « *analogmicro.en.am402.pdf* ».April 1999. http://www.analogmicro.de/

- [6] Vincent Cyprien., « *La boucle de courant 4-20 mA* ».Mars 2002. http://vcyprien.free.fr/telechar/loop420.pdf

- [7] Analog Microelectronics., « *analogmicro.en.kali2_cav424.xls* ». Aout 2007. http://www.analogmicro.de/

Annexe A

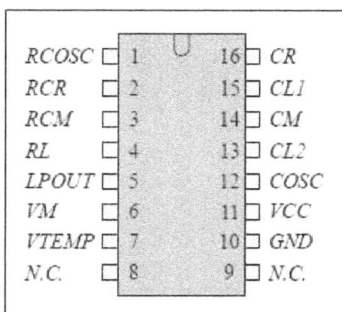

CAV424 pinout

PIN	NAME	DESCRIPTION
1	RCOSC	Oscillator current definition
2	RCR	Current setting for integrator C_R
3	RCM	Current setting for integrator C_M
4	RL	Gain setting
5	LPOUT	Output
6	VM	Reference voltage 2.5V
7	VTEMP	Temperature sensor
8	N.C.	Not connected
9	N.C.	Not connected
10	GND	IC ground
11	VCC	Supply voltage
12	COSC	Oscillator capacitance
13	CL2	Low pass 2. corner frequency
14	CM	Measurement capacitance
15	CL1	Low pass 1. corner frequency
16	CR	Reference capacitance

Description of CAV424 pinout

Stage 1 (dimensioning and presetting)

Input of user settings:			
Parameter	Symbol	Wert	Unit
Oscillator frequency	f_{OSC}	70,000	kHz
Min. measurement capacitance	$C_{M,min}$	23,00	pF
Max. measurement capacitance	$C_{M,max}$	229,00	pF
Voltage swing for $C_{M,min}$ → LPOUT, referenced to VM: Maximum: ±1.4V	$V_{DIFF(min)}$	0,00	V
Voltage swing for $C_{M,max}$ → LPOUT, referenced to VM: Maximum: ±1.4V $V_{DIFF(min)} < V_{DIFF(max)}$!	$V_{DIFF(max)}$	1,40	V
Coupling voltage: 0.2 ... 2.5V	V_{IR}	2,00	V

Ouput of values required for components / oscillator frequency:			
Parameter	Symbol	Wert	Unit
Reference capacitance	C_R	23,00	pF
Oscillator capacitance	C_{OSC}	36,80	pF
Oscillator resistance	R_{OSC}	231,07	kOhm
Max. input signal frequency	f_{DET}	1076,92	Hz
Low pass capacitance	$C_{L1,L2(min)}$ >>	7,14	nF
ICR Current source : setting	R_{CR}	369,71	kOhm
ICM Current source : setting	R_{CM}	369,71	kOhm
Current sources : thermal coupling	R_{CX}	46,21	kOhm
Charging currents	I_{CR},I_{CM}	5,410	µA

Plus for optional EMC protection:			
Parameter	Symbol	Wert	Unit
EMC improvement	R_{EMV1}	14,79	kOhm
EMC improvement	R_{EMV2}	14,79	kOhm

Information on the operating point:			
Parameter	Symbol	Wert	Unit
Oscillator charging current	I_{OSC}	10,819	uA
Middle voltage	V_M	2,500	V
Oscillator sawtooth amplitude	V_{OSC}	2,100	V
Voltage drop across R_{CR}/R_{CM}	V_{IR}	2,000	V
Voltage drop across R_{emv}	V_{EMV}	0,100	V

Stage 2 (measurement and calibration)

A) Input of measurements:

VDIFF(mess,min):	**0,0000**	V(LPOUT,VM) at $C_{M,min}$ [V]
VDIFF(mess,max):	**1,0000**	V(LPOUT,VM) at $C_{M,max}$ [V]

B) Output of calculated resistances:

Replace RL1(mess) = 100k and RA(mess) = 100k with the following:

RL1:	**164,000**	[kΩ]
RA:	**100,000**	[kΩ]

Circuit diagram for calibration

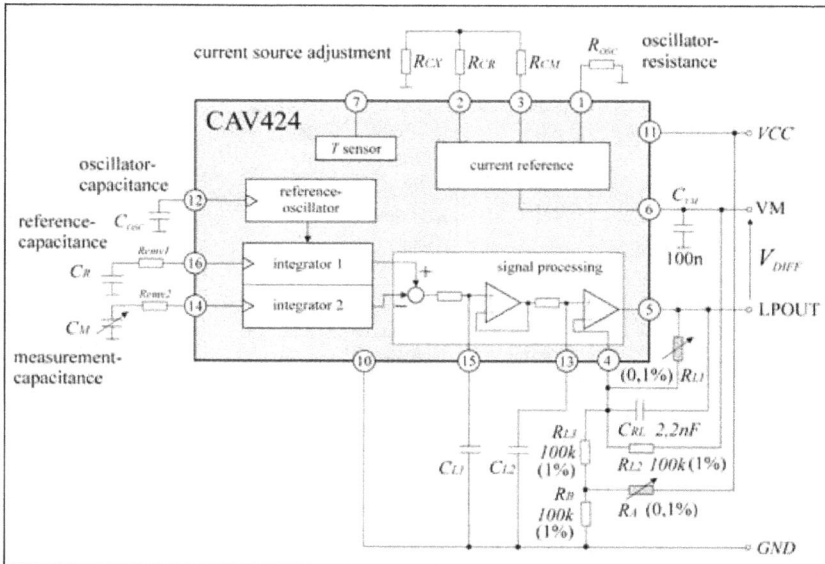

Annexe B

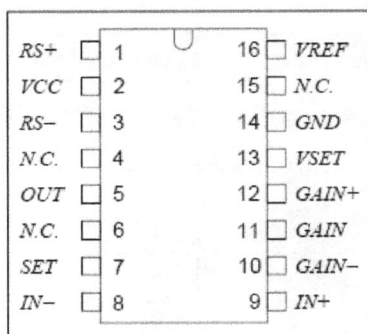

RS+	☐	1	16	☐	VREF
VCC	☐	2	15	☐	N.C.
RS–	☐	3	14	☐	GND
N.C.	☐	4	13	☐	VSET
OUT	☐	5	12	☐	GAIN+
N.C.	☐	6	11	☐	GAIN
SET	☐	7	10	☐	GAIN–
IN–	☐	8	9	☐	IN+

AM402 pinout

PIN	NAME	DESIGNATION
1	RS+	Sense Resistor +
2	VCC	Supply Voltage
3	RS–	Sense Resistor –
4	N.C.	Not Connected
5	OUT	Output
6	N.C.	Not Connected
7	SET	Set Output Current
8	IN–	Input Negative
9	IN+	Input Positive
10	GAIN–	Gain Adjustment
11	GAIN	Gain Adjustment
12	GAIN+	Gain Adjustment
13	VSET	Reference Voltage Select
14	GND	IC Ground
15	N.C.	Not Connected
16	VREF	Reference Voltage Output

Description of AM402 pinout

More Books!

i want morebooks!

Oui, je veux morebooks!

Buy your books fast and straightforward online - at one of the world's fastest growing online book stores! Environmentally sound due to Print-on-Demand technologies.

Buy your books online at

www.get-morebooks.com

Achetez vos livres en ligne, vite et bien, sur l'une des librairies en ligne les plus performantes au monde!
En protégeant nos ressources et notre environnement grâce à l'impression à la demande.

La librairie en ligne pour acheter plus vite

www.morebooks.fr

OmniScriptum Marketing DEU GmbH
Heinrich-Böcking-Str. 6-8
D - 66121 Saarbrücken
Telefax: +49 681 93 81 567-9

info@omniscriptum.de
www.omniscriptum.de

OMNIScriptum

www.ingramcontent.com/pod-product-compliance
Lightning Source LLC
Chambersburg PA
CBHW021120210326
41598CB000178/1521